新型掺铥陶瓷激光器及其应用

杨晓芳　著

中国矿业大学出版社

内 容 简 介

透明激光陶瓷是近年来新出现的材料,具有许多单晶和玻璃激光材料所不具备的优点。本书系统介绍了 2 μm 波段掺铥陶瓷材料的激光特性以及其在共振泵浦方面的应用。具体包括两种泵浦方式下的掺铥陶瓷连续输出及脉冲输出特性和波长调谐特性,以及采用掺铥陶瓷激光器作为泵浦源,共振泵浦掺钬陶瓷材料获得 2.1 μm 波段激光辐射。本书内容突出先进性,对 2 μm 波段掺铥激光技术发展进行概括总结,可读性强。

本书可供从事激光技术研究的科研工作者、工程技术人员参考;同时,对于物理学、光学、电子技术等专业的本科生、硕士研究生来说,也是一本非常有价值的参考书。

图书在版编目(CIP)数据

新型掺铥陶瓷激光器及其应用 / 杨晓芳著. —徐州:
中国矿业大学出版社,2019.6
　ISBN 978 - 7 - 5646 - 4291 - 4

　Ⅰ. ①新… Ⅱ. ①杨… Ⅲ. ①陶瓷激光器—研究
Ⅳ. ①TN248.1

　　中国版本图书馆 CIP 数据核字(2018)第 297478 号

书　　名	新型掺铥陶瓷激光器及其应用
著　　者	杨晓芳
责任编辑	褚建萍
出版发行	中国矿业大学出版社有限责任公司
	(江苏省徐州市解放南路　邮编221008)
营销热线	(0516)83884103　83885105
出版服务	(0516)83995789　83884920
网　　址	http://www.cumtp.com　E-mail:cumtpvip@cumtp.com
印　　刷	江苏淮阴新华印务有限公司
开　　本	787×960　1/16　**印张** 7.75　**字数** 160 千字
版次印次	2019 年 6 月第 1 版　2019 年 6 月第 1 次印刷
定　　价	31.00 元

(图书出现印装质量问题,本社负责调换)

前　言

　　由于在国防、医疗、工业以及科研工作等领域的重要应用,2 μm 波段激光成为近年来国内外激光技术领域的研究热点之一。激光的发展基于三方面技术的进步:① 激光材料的突破;② 激光器设计概念的创新;③ 半导体激光抽运技术的进步。其中,激光材料更是中红外激光发展的重中之重。长期以来,由于缺乏合适的激光增益材料,2 μm 波段激光的发展受到了极大制约。近年来,随着材料科学的不断发展,各种具有优良光学和热机械性能的新型激光材料也为 2 μm 波段激光提供了新的契机。例如,光纤具有较之体块固体大得多的面积体积比,有利于热量的耗散,同时其波导结构也保证了输出激光具有较好的光束质量。光学陶瓷也是近年来受到广泛关注的一类非常重要的激光材料,光学陶瓷不仅易于制成大尺寸和复杂结构,其热机械性能甚至于超过了同类别的单晶材料,大大提高了中红外激光器件设计的灵活性。

　　本书的出版希望对中红外激光的研究人员有所帮助,对中红外激光的发展和应用有一定的推动作用。全书内容共分为 6 章:第 1 章对 2 μm 波段激光的发展历史和最新进展作整体介绍。第 2 章介绍了掺铥陶瓷激光材料的光谱性质,掺铥激光器的泵浦方式以及工作在两种泵浦方式的连续运转掺铥陶瓷激光器。第 3 章介绍了调 Q 运转掺铥陶瓷激光器,详细讲述了 Cr:ZnSe 被动调 Q 及声光调 Q 运转。第 4 章先介绍了掺铥陶瓷激光器的调谐性能,主要讲述了体布拉格光栅作为波长选择和调谐元件的实验结果。第 5 章讲述了掺铥陶瓷激光器在共振泵浦方面的应用。第 6 章介绍了超短脉冲掺铥陶瓷激光器。

著　者

2019 年 2 月

目　　录

第1章 2 μm 激光概述

1.1 引言

自1960年梅曼研制出世界上第一台红宝石激光器以来,激光因其单色性好、方向性强、亮度高等优越的光学特性在之后的几十年里迅速发展。激光技术已被广泛应用于科学研究、国民经济与社会发展、国防安全等领域,极大地改变了人们的生产、生活方式。激光器按工作物质分类,可分为固体、气体、液体、半导体、化学和自由电子激光器几大类。其中,固体激光器由于具有体积小、储能高、泵浦方案简单和可靠性高等优点,一直是激光器家族中最具生机的分支。以1 μm 激光为代表的近红外激光技术已经相当成熟,广泛应用在基础科学和国民经济的各个领域。2009年,诺·格公司成功研发100 kW 的 Nd:YAG 激光器,由7个15 kW 模块组成链路的固体激光器系统,实现了105 kW 的输出[1]。2010年,达信防御系统公司为 JHPSSL 计划研制的透明陶瓷 Nd:YAG 激光器,采用单个主振荡器泵浦串联的功率放大器的 MOPA 结构,通过增加 Nd:YAG 板条长度、板条数量和提高激光二极管的泵浦强度来提高激光器的功率,从平均输出功率1 kW 分几个阶段定标放大到5 kW、15 kW 和100 kW[2-3]。而中红外激光技术从激光的产生,到激光的探测以及激光的应用技术都远远落后于1 μm 近红外激光。在中红外激光中,2 μm 波段激光处于人眼安全波段,又位于损耗较低的大气透明窗口,同时该波段还对应着众多分子的特征指纹光谱,因此在激光测距、遥感、医疗、通信和军事方面均有重要的用途。

(1) 激光雷达、遥感测距:由于激光器的亮度非常高,因此在使用过程中可能会给人的眼睛带来损伤甚至有致盲的风险。通常波长大于1.4 μm 的激光对人眼的损伤阈值相对较高,可以称为"人眼安全波长",但考虑到光在大气中的传输特性(见图1-1),"人眼安全波长"通常指的是1.5~1.8 μm 波段和2~2.4 μm 波段[4-5]。2 μm 激光对人眼的损伤阈值是常用的1 μm 激光的1 000 倍,同时大气对它的吸收也较小。在远距离测量装置中使用2 μm 激光作为光源,其可以安全使用的功率将比1 μm 激光高出许多,提高了装置的有效工作距离。与以往激光雷达常用的 CO_2 激光(10.6 μm)相比,2 μm 激光线宽更窄,测量精度更高,对烟雾的穿透能力更强,尤其适合战场硝烟及湿气较重的恶劣自然环境,对目标与背景有较高的对比度,在相同的条件下测距能力更强。因此 2 μm 激光非常适用于激光雷达、遥感测距、自由空间通信、远距离大气空间传输等[6-7]。

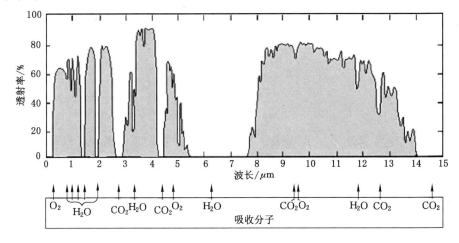

图 1-1　1～15 μm 大气透过率谱线

(2) 医疗领域:人体组织中水的比例大约占 70%,因而组织对光的吸收情况与水相似,当激光与人体组织相互作用时,水对所用激光吸收系数的大小就决定了激光在组织中的穿透深度、损伤区域以及手术精度等。如图 1-2 所示[8],水在 2 μm 波长处有一个较大的吸收峰,吸收系数为 100 cm^{-1},比 1 μm 激光的水吸收约高 250 倍,更为重要的是 2 μm 波长可以在低—OH 基含量的石英光纤中传输,能有效地工作在气体和液体环境中,对于软硬组织的气化、消融和切除都能普遍适用[9],除此之外,2 μm 的激光具有凝固效应,可以使手术中出血最少[10]。以 Ho、Tm 为代表的 2 μm 波段的医疗光源操作简单,切除迅速,并且术后感染率低,这一系列的优点使其已经被医学界广泛认可并逐渐应用于临床各科以及各种内窥镜治疗和各种体表疾病治疗,并且正在不断扩展应用的范围。

(3) 材料加工:对于整个激光市场而言,需求最大的还是材料加工领域。1 μm 激光,包括 Nd 固体激光系统以及 Yb 光纤激光系统,在打标、切割、焊接等领域已经得到了广泛的应用。然而透明塑料对于 1 μm 波段激光的吸收较小,通常需要在透明塑料中加入一些添加剂来提高对 1 μm 激光的吸收。使用添加剂会使制造过程变得过于复杂,而且在医疗等一些特殊应用场所,会禁止使用任何添加剂。幸运的是,大部分透明有机材料对 2 μm 激光器有足够充分的吸收,因此可以直接使用 Tm、Ho 激光应用于透明材料的切割、焊接、雕刻等加工。透明有机类材料极有可能成为未来激光 3D 制造的成型粉料,随着 3D 激光打印技术的逐步普及,红外激光器的需求将会快速的增长。高功率全固态激光器技术

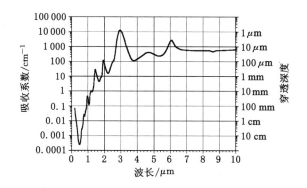

图 1-2   水对光的吸收谱(纵坐标呈对数分布)[8]

可广泛应用于汽车、船舶、航空、铁路等对国民经济起举足轻重作用的材料加工领域,对尽快扭转我国在先进制造领域关键成套装备基本依靠进口的局面,提高技术创新能力具有重要意义。

如上所述,由于 2 μm 激光重要的应用背景和极大需求,现已成为科学家们研究开发的重点领域。无论是高功率激光技术还是超强超快脉冲激光技术的研究,近些年人们都进行了大量的探索。

1.2   2 μm 固体激光器的发展历史和现状

从目前的技术角度来看,2 μm 波段激光的产生主要有以下几种途径:光参量振荡(OPO)技术,掺 Tm^{3+}、Ho^{3+} 稀土离子的直接发射技术,半导体激光技术等。

利用光参量振荡(OPO)技术是将十分成熟的 1 μm 近红外固体激光变频到 2 μm 波段,所用非线性晶体为 KTP,MgO:PPLN,KTA 等[11-15]。2000 年,E. Cheung 等用 1.06 μm Nd:YAG MOPA 激光器泵浦 6 个 KTP 晶体,获得了波长为 2.13 μm、功率为 53 W 的激光输出[16]。2008 年,R. Bhushan 用重频为 10 Hz 的 Nd:YAG 激光泵浦 36 mm 长的 MgO:PPLN,获得了单脉冲能量为 186 mJ 的 2 μm 激光输出,斜效率58%[14]。2014 年,北京大学 Q. Cui 等用线偏振的调 Q Nd:YAG 激光器通过腔内泵浦 KTP 双共振参量振荡器,实现了 70 W 高平均功率的 2 μm 激光输出[17]。OPO 激光器的优点是全固态、可调谐。但由于需要非线性晶体以及泵浦激光源配合作用,并且非线性晶体普遍激光损伤阈值小,性能优异且尺寸大的单晶不易制备,价格昂贵等,OPO 激光器光学系统的设计与构造十分复杂。

目前,Tm³⁺和Ho³⁺掺杂的各类晶体、陶瓷和光纤等激光材料已经被广泛地用于产生2 μm高功率和高能脉冲激光,并获得了令人振奋的成果。此外,随着半导体制造工艺技术的不断进步,激光二极管(Laser Diode,LD)也成为产生2 μm激光的有力竞争者。下面就这三种常用的技术作详细介绍。

1.2.1 Tm激光器

Tm激光系统最大的优势在于:可以直接使用工艺相对成熟、价格相对经济的790 nm波长LD作为泵浦源。随着二极管泵浦全固体Tm激光器逐渐成熟,对Tm激光应用的研究主要集于高功率、高峰值功率短脉冲调Q及超快激光器。高性能掺Tm激光器增益介质的基质材料有YAG、YLF、YAP等。与YLF相比,YAG材料具有更高的热导率和热机械性能,能够容忍更多的热量沉积和热应力,YAG的化学性质更加稳定、硬度更高,有利于切割和抛光;与YLF和YAP不同,YAG是各向同性的,制备更简单。后两个特点使得高光学质量大尺寸激光材料的制备是可能的,这对于高功率激光运转是非常有益的。

在高功率运转Tm:YAG激光器方面:1997年,劳伦斯·利弗莫尔国家实验室的E.C.Honea等利用鸭嘴镜泵浦方案在Tm:YAG激光系统实现了波长2.01 μm、功率为115 W的激光输出[18],M^2因子为14~23。实验中使用了90%水与10%酒精混合液作为冷却液,水温保持在3 ℃以进行有效的热管理。

2000年,K.S.Lai等报道了利用抛物面镜作为耦合镜的边泵Tm:YAG激光系统,获得了发射波长为2.07 μm的120 W连续激光输出[19],工作温度为−12 ℃,后来又提高至150 W(−10 ℃)[20]。由于实验温度低,冷却液可能出现凝固,激光介质表面也可能出现结冰现象,对激光系统工作危害极大。

2011年,中国科学院理化技术研究所在2.07 μm实现了200 W的连续激光振荡[21],实验装置如图1-3所示。实验中仅用去离子水作为冷却液,冷却水温设为8 ℃,大大简化了激光系统结构。2013年,在泵浦功率为1 287 W时获得了267 W的2.07 μm的激光输出,光束质量M^2为25[22]。

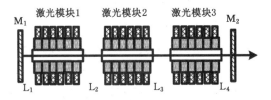

图1-3 2.07 μm波长Tm:YAG激光器光路图[22]

在高能脉冲Tm:YAG激光器方面:1991年,P.J.M.Suni等在室温下采用

3 W 的 LD 单端泵浦 Tm:YAG 晶体,在声光调 Q 方式下获得了重频为 100 Hz、单脉冲能量为 1 mJ、脉宽为 330 ns 的 2 μm 激光输出,转换效率为 3.3%[23]。1997 年,G. Rustad 等利用两个 60 W 的 LD 侧面泵浦 Tm:YAG,腔型为平凹腔结构,获得了 2 mJ 的激光脉冲[24]。

2001 年,T. Y. Tsai 和 M. Birnbaum 利用 Cr:ZnSe 作为可饱和吸收体实现了被动调 Q Tm:YAG 激光器,得到了脉冲能量为 3.2 mJ 的 2 017 nm 脉冲激光,脉宽为 90 ns,相同泵浦功率下,调 Q 输出与连续输出功率的比值为 16%[25]。

2008 年,M. Eichhorn 等利用两个 LD 双面泵浦 Tm:YAG,在电光调 Q 方式下获得了单脉冲能量为 4 mJ、重频为 100 Hz 的 2 μm 激光输出,转换效率为 3.8%[26]。2009 年,他们采用 804 nm 的 LD 全内反射(TIR)泵浦 2 at.% 的 Tm:YAG 晶体光纤,实验装置如图 1-4 所示。采用声光调 Q,在 100 Hz 的重频下,获得了 5.6 mJ 脉冲能量,216 ns 脉宽,对应的峰值功率为 25.9 kW,斜效率为 9.4%[27]。

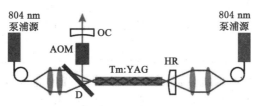

图 1-4 双端泵浦 Tm:YAG 激光器实验装置[27]

其他基质的掺 Tm^{3+} 晶体也有一定的发展,如 Tm:YLF、Tm:YAP 等,因其输出波段在 1.9 μm 附近,所以输出激光主要作为 Ho 激光器的泵浦源而被广泛研究。2006 年,S. So 等利用单个 Tm:YLF 激光模块在 1.908 μm 波段获得了最高功率为 70 W 的激光输出[28];2009 年,M. Schellhorn 等在掺杂浓度为 2.5% 的 Tm:YLF 板条晶体激光器中获得了最高功率为 192.5 W 连续激光输出[29];2004 年,A. C. Sullivan 等使用 120 W 光纤耦合 LD 泵浦掺杂浓度为 3 at.% c 切 Tm:YAP 晶体,1.94 μm 波长的输出激光功率达到了 50 W,光束质量因子为 4.7,声光调 Q 重频为 5 kHz 时,单脉冲能量为 7 mJ[30]。

1.2.2 Ho 激光器

Ho 激光器的激光发射波长范围为 1.95~2.15 μm,对应于 Ho^{3+} 的 $^5I_7 \rightarrow {}^5I_8$ 能级跃迁,如图 1-5 所示。Ho^{3+} 的 $^5I_7$ 激光上能级与 $^5I_8$ 激光基态能级均存在强烈的 Stark 能级分裂,在室温下将分裂成若干个子能级。Ho 激光器的 1.9 μm 吸收和 2.1 μm 的受激辐射均发生在 $^5I_7$ 和 $^5I_8$ 能带之间。当基质材料不同时,Stark
分裂会有所差异,相应的泵浦吸收和受激辐射也有比较明显的差异。泵浦波长
为 1.9 μm 的 Ho 激光器缺少像 Tm 激光器一样相对经济廉价的高功率 LD 泵
浦源,这在一定程度上制约了 Ho 激光器的发展。近十几年来,随着 1.9 μm 高
功率掺 Tm 固体激光器的日益成熟,尤其是大功率掺 Tm 光纤激光器的快速发
展,限制 Ho 激光器发展的泵浦源问题得以解决,使得 Ho 激光器进入了高速发
展的时期。

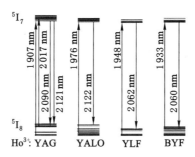

图 1-5   Ho^{3+} 在不同基质中的能级跃迁图[31]

2003 年,A. Dergachev 和 P. F. Moulton 报道了一个高效率的 Tm:YLF 泵
浦 Ho:YLF 的激光系统,采用两个 Tm:YLF 激光器双端泵浦 Ho:YLF 晶体,
产生 21 W 连续输出,相对于吸收泵浦功率的斜效率为 77%;声光调 Q 重频 100
Hz 时,脉冲能量 37 mJ,脉宽 12 ns,用其泵浦 ZGP OPO 产生 10 mJ 3.2 μm 的
激光[32]。同年,P. A. Budni 等采用 1.9 μm 的 Tm:YLF 激光器作为 Ho:YAG
激光器的泵浦源,获得了重频 60 Hz、单脉冲能量为 50.6 mJ、脉宽为 14 ns、峰值
功率达 3.6 MW 的 2.09 μm 脉冲激光输出[33]。

2012 年,Y. J. Shen 等使用 4 路 LD 泵浦的 Tm:YLF 激光器(总功率 162.3
W)作为 Ho:YAG 单晶激光器的泵浦源,实验装置如图 1-6 所示,获得了 103 W
的高功率 CW 激光输出,斜效率达到了 67.8%,光-光转化效率达到了 63.5%,
使用声光调制器(AOM)时,获得了重复频率为 30 kHz、平均输出功率为 101 W
的调 Q 脉冲激光输出,斜效率达到了 66.2%[34]。

随着光纤激光技术的不断发展,使用光纤光栅(FBG)及体布拉格光栅
(VBG)可以实现高功率窄线宽可调谐的掺 Tm 光纤激光器,从而可使掺 Tm 光
纤激光器的发射波长与掺 Ho 晶体的吸收峰匹配更佳,提高单掺 Ho 激光器的
效率。

2004 年,本课题组就开始研究 Tm 光纤激光器共振泵浦的 Ho 激光器,曾
在 Ho:YAG 激光器中获得中心波长为 2 097 nm、功率为 6.4 W 的激光输出,斜

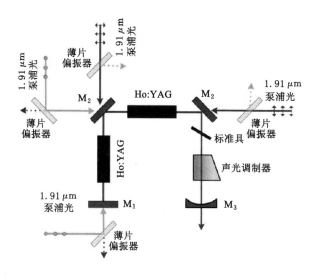

图 1-6 Y.J.Shen 等 Tm:YLF 共振泵浦的 Ho:YAG 激光器[34]

效率高达 80%,光-光转换效率达到 67%,光束质量因子约为 1.1[35]。2009 年,X.Mu 等采用掺 Tm 光纤激光器单端泵浦 Ho:YAG 激光器,获得 18.7 W 的连续激光,光-光效率为 77.6%,在调 Q 运转下,最大平均功率为 16.2 W,在重频为 10 kHz 和 5 kHz 时的脉宽分别为 26 ns 和 20 ns,M^2 为 1.2[36]。

2013 年,挪威的 H.Fonnum 等报道掺 Tm 光纤将其在低温下泵浦 Ho:YLF 激光器[37],图 1-7 是激光器实验装置图,采用平均功率 100 W、脉宽 35 ms 的掺铥光纤激光器作为泵浦源,当脉冲光重复频率为 1 Hz 时,得到能量 550 mJ,脉宽 14 ns 调 Q 脉冲输出,光束质量因子 M^2 为 1.5。到目前为止,这是 2 μm 波段 Ho 激光器单谐振腔输出的最高脉冲能量。

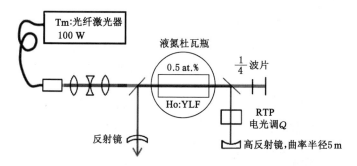

图 1-7 大能量液氮制冷 Ho:YLF 激光器实验装置图[37]

随着激光二极管技术的不断发展,直接采用 1.9 μm 的半导体激光器进行泵浦 Ho 固体激光材料国外已有一些报道。2008 年,K. Scholle 等采用 1.91 μm 的 AlGaIn/AsSb 激光二极管堆栈作为泵浦源泵浦 Ho:YAG,在泵浦功率约为 105 W 时获得了 40 W 的 2.122 μm 激光输出,半导体激光器的发射带宽为 22 nm,在脉冲运转下的单脉冲能量为 4 mJ[38]。实验中采用单端泵浦的两镜腔结构,所用 Ho:YAG 晶体的长度为 60 mm。半导体的发射波长在 Ho 激光产生到达最大的整个电流增加过程中漂移 35 nm,相对于吸收的泵浦光的斜效率约为 57%。

2010 年,S. Lamrini 用体光栅作为固体激光器的腔镜限制了输出波长获得了线宽 0.35 nm 的 2.096 μm 的激光 15 W,调 Q 模式下脉宽 180 ns,单脉冲能量 6.2 mJ[39],如图 1-8 所示。谐振腔由平面双色镜和体光栅构成,在 Ho:YAG 晶体和体光栅之间放置了对泵浦光高反的平面镜以提高泵浦光的吸收效率。体光栅对产生激光的输出耦合率为 5%。与自由运转激光器相比,体光栅的锁定使激光输出线宽缩小了 1 nm。2012 年,该组采用 1.9 μm 的 GaSb 激光二极管堆栈共振泵浦 Ho:YAG 激光器,获得了 55 W 的 2.122 μm 激光,斜效率达 62%[40]。然而,1.9 μm 的半导体激光器发射激光性能还不能完全满足所有 Ho 增益介质的要求,且受限于制造成本和市场化需求,1.9 μm 波长的半导体发展缓慢,国内尚未有该波长的激光器产品问世。

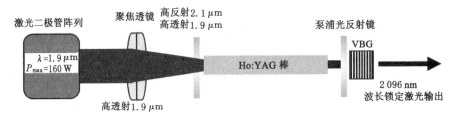

图 1-8 VBG 锁定的 Ho:YAG 激光器[39]

1.2.3 半导体激光器

半导体激光器具有体积小、寿命高、易于集成、能够高速调制、系统稳定性好等优点,在很多方面有着重要的应用。传统基于 PN 结的半导体激光器主要是靠导带中的电子和价带中的空穴的复合产生辐射,通过进一步反馈形成激光。由于导带和价带较宽,因此发射光谱一般比其他方式产生的激光光谱要宽得多。量子阱技术的出现改变了传统半导体激光器的工作原理。量子阱结构使得能带中的能态量子化,能够通过合理设计量子阱结构来改变输出波长,而不再受限于材料本身的带隙宽度。量子级联技术通过结合量子化和量子隧穿机理,将多个量子阱结构进行串联,进一步降低了阈值电流,提高了输出功率,并进一步拓展了输出波长范围。

Ⅲ-Ⅴ族双异质结激光器的主要工作范围在 2～2.5 μm 波段,而且能够在室温下工作。1988 年,A. Bochkarev 等报道了室温下工作的 InGaSbAs/GaAlSbAs 双异质结激光器,工作波长为 2.2～2.4 μm[41]。1992 年,H. K. Choi 等报道了 InGaAsSb/AlGaAsSb 应变量子阱激光器,阈值电流密度降低为 260 A/cm²,发射波长为 2.1 nm,室温下功率输出为 190 mW[42]。1993 年,J. S. Major 报道了 1.1 W 连续波辐射的 InGaAs/InGaAsP 应变双量子阱激光器,中心波长为 2 μm,FWHM 为 17 nm[43]。1997 年,D. Z. Garbuzov 等报道了 InGaAsSb/AlGaAsSb 单量子阱激光器,阈值电流密度为 115 A/cm²,连续输出功率为 1.87 W,准连续(100 μs,100 Hz)输出功率为 4 W,工作温度为 10 ℃[44]。2006 年,M. T. Kelemen 等报道了高功率 1.91 μm 波长 AlGaIn/GaSb 量子阱激光器,1 cm 长的激光器阵列最大连续输出功率为 16.9 W[45]。

在国内,从事 2 μm 附近波段半导体激光器研究的单位主要有中国科学院上海微系统与信息技术研究所、中国科学院北京半导体研究所、中国科学院上海光学精密机械研究所、吉林大学和长春理工大学等单位。2011 年,长春理工大学报道了利用分子束外延(MBE)方法生长制备的波长位于 1.6～2.3 μm 的 InGaAsSb/AlGaAsSb 多量子阱结构,制备了 2.2 μm 激光器,阈值电流密度为 187 A/cm²,室温下连续输出功率为 320 mW,波长随温度的变化率约为 0.28 nm/℃[46]。2012 年,中国科学院北京半导体研究所报道的 InGaSb/AlGaAsSb 应变量子阱激光器,实现了高工作温度(T=80 ℃)的连续激射,波长 1.995 μm,谱宽 0.35 nm,室温连续工作下输出功率为 82.2 mW,高工作温度下的输出功率为 63.7 mW[47]。然而,国内的整体研究水平和器件水平仍落后于发达国家。

目前能够提供商业化 2 μm 半导体激光器产品的公司主要有德国 DILAS 半导体激光有限公司、美国恩耐激光(nLIGHT)等。德国 DILAS 收购德国 m2K 公司后,可以提供 1 940 nm 长波长的光纤耦合多阵列模块,芯径 600 μm,数值孔径 0.22,电光效率＞10％,最大连续运转功率为 30 W,如图 1-9 所示[48]。nLIGHT 可以提供 20 W 输出的 1 900 nm 波长、15 W 的 2 050 nm 光纤耦合输出 LD 产品(Pearl™系列),如图 1-10 所示[49],长波长激光器对温度更敏感,因为在 2 050 nm 处的俄歇复合(Auger Recombination)约为 1 900 nm 处的 2 倍[50],另外量子阱中 In 的含量需要足够高才更有利于 2 050 nm 输出[50-51]。

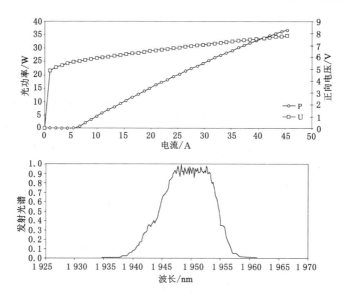

图 1-9　德国 DILAS 公司 1 940 nm 波段产品[48]

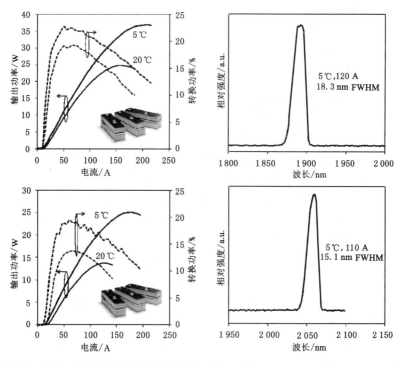

图 1-10　美国 nLIGHT 公司光纤耦合 LD 模块(上图:1 900 nm,下图 2 050 nm)[49]

1.3　激光透明陶瓷简介

固体激光器的核心是固体工作物质。它由固体基质材料和少量掺杂的稀土离子或金属离子两部分组成。而固体基质材料已由最初的几种晶体发展到目前涵盖玻璃、单晶和透明陶瓷等三大领域的上百种不同材料。所谓透明陶瓷,实质上是一种多晶结构。不同于传统单晶内部连续、有序的晶格结构,陶瓷是由许多微小的晶粒通过各种工艺结合在一起之后形成的一种无序结构。随着陶瓷材料制作工艺的提高,以透明陶瓷为代表的新型激光材料的出现为新型激光器,特别是高功率激光器的设计与制造提供了新的材料基础。

早在 20 世纪 60 年代,材料研究者从理论上论证了各向同性的光学陶瓷能够产生激光作用,但由于陶瓷材料是多晶体,其颗粒边界、气孔率、成分梯度及晶格的不完整性所引起的内部散射损耗过大难以实现有效的激光输出[52-53]。此后数十年激光陶瓷的研究一直未有突破性进展。1995 年,日本的 A. Ikesue 博士利用固相反应结合真空烧结的方法获得了低散射损耗的 Nd:YAG 透明陶瓷,从而出现了世界上第一台 LD 泵浦固体陶瓷激光器[54]。1999 年,日本 Konoshima 化学有限公司采用纳米技术制备出吸收、发射光谱以及荧光寿命与单晶基本一致的多晶 Nd:YAG 陶瓷,并实现了商品化。透明陶瓷光学品质的突破性提高,在国际上引起广泛关注,显示出光明的发展前景。自此以后,陶瓷激光介质及陶瓷激光器研究在世界范围内得到了迅猛发展。各种不同稀土掺杂,不同陶瓷基的激光陶瓷相继研制成功,同时不同波长振荡的高效陶瓷激光器也陆续问世。2010 年前后,Northrop Grumman 公司和 Textron 公司分别实现了 100 kW 以上的连续激光输出,达到了战术武器级别要求[3,55]。

在 2 μm 波段,Tm 和 Ho 的透明陶瓷激光器在近几年也得到了广泛关注,并取得了一系列优异的成果。2009 年,中国科学院上海硅酸盐研究所研制成功 Tm:YAG 透明激光陶瓷,并首次报道了 Tm:YAG 陶瓷的激光特性[56],激射波长为 2 015 nm,最大输出功率为 4.5 W,斜效率为 20.5%。2011 年,他们测量了 Tm:YAG 陶瓷的散射系数为 0.014 cm^{-1},并用 805 nm LD 泵浦获得了 7.1 W 连续输出,斜效率为 10.7%,光-光转换效率为 7.2%[57]。同年,中国科学院上海光学精密机械研究所实现了波长在 2 016 nm 处的 17.2 W 的 Tm:YAG 陶瓷连续激光输出,斜效率达 36.5%,在调 Q 激光方面,在重频为 500 Hz 时,获得了脉宽 69 ns、单脉冲能量 20.4 mJ 的脉冲光输出[58],这表明 Tm:YAG 陶瓷有优秀的能量存储能力。本课题组和新加坡南阳理工大学合作,利用 1 617 nm Er:YAG 陶瓷激光器共振泵浦 Tm:YAG 陶瓷,得到了最大功率为 7.3 W、斜效率为 62.3％的连续激光输出[59]。工作在 2.1 μm 的 Ho³⁺ 的 Y₂O₃ 和 YAG 陶瓷用共振泵浦的方式都已经实现激光振荡。在 Ho：Y₂O₃ 方面,2010 年 Newburgh 等用 1 935 nm 泵浦源,在液氮冷却条件下,实现了 Ho：Y₂O₃ 陶瓷激光器最高功率为 90 mW、波长为 2.085 μm、斜效率 29％的激光输出[60]。2011 年,他们又将输出功率提高到 2.5 W,输出波长为 2.12 μm,斜效率 35％[61]。2010 年,中国科学院上海硅酸盐研究所报道了室温条件下运转的 Ho：YAG 陶瓷激光器,最高输出功率为 1.95 W,斜效率为 44.19％,光-光转换效率为 24％,这是在世界范围内首次实现 Ho：YAG 陶瓷的激光输出[62]。2011 年,本课题组采用掺 Tm 光纤激光共振泵浦 Ho：YAG 透明陶瓷激光器,成功实现了 21 W 的连续波输出,斜效率为 62.3％[63]。这也是目前已见报道的最高功率 Ho：YAG 陶瓷激光输出。2014 年,北京理工大学报道了单脉冲能量 10.2 mJ 的声光调 Q 脉冲 Ho：YAG 陶瓷激光器[64]。

透明陶瓷作为固体激光材料是近年来研究的热点,其具有与单晶相似的物理化学性质、光谱特性和激光性能,但却像制造玻璃那样容易,而与玻璃相比它又具有更高的热导率和损伤阈值。相比之下,激光陶瓷具有以下几点显著优势:

(1) 容易制备出大尺寸块体,并且形状极易控制。目前已能制造米级的陶瓷增益介质,图 1-11 是日本神岛化学公司制造的大尺寸 Nd：YAG 透明陶瓷,尺寸为 10 cm×10 cm×2 cm;2006 年,美国利弗莫尔实验室利用这些样品实现了 67 kW 的高功率准连续输出[65]。大口径的激光材料对高功率激光器是非常必要的,无论是在连续激光系统中进行定标放大,还是在脉冲系统中增大介质内部的储能,均离不开大口径的激光增益介质。陶瓷的出现很好地解决了传统晶体

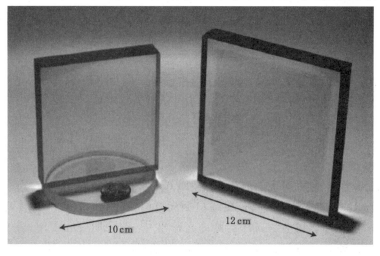

图 1-11 日本神岛化学公司制造的大尺寸 Nd：YAG 透明陶瓷样品

的尺寸限制,对推动高功率激光技术的发展起到了不可忽视的作用。

(2) 制备周期短,生产成本低,容易实现批量化生产。激光陶瓷的制备周期较短,通常只有 3~4 天。而传统单晶的生长周期则相对较长,一般要达到 2~3 周。

(3) 可实现高浓度掺杂,光学均匀性好。单晶受掺杂离子在基质中分凝系数的限制,很难实现高浓度掺杂,且容易在径向形成浓度梯度,内应力大;陶瓷是在低于原材料熔点的温度下通过烧结工艺制备而成的,其制备过程中不存在原材料由液态到结晶态的转变,因此在单晶中存在的掺杂浓度的限制在陶瓷中不复存在,可以实现稀土离子的高浓度掺杂。

(4) 可以在远低于熔点的温度下短时间烧结高熔点的固体颗粒,这对某些特殊材料的制备意义重大。例如倍半氧化物(如 Y_2O_3、Sc_2O_3 和 Lu_2O_3)是一种有前景的激光材料,但是它们的熔点非常高(2 400 ℃),并且相变点低于熔点,因此传统的晶体生长方法很难适用。

(5) 可以实现多层和多功能的激光材料。陶瓷制备技术可以把不同组分、不同功能的材料结合在一起,为激光系统设计提供了更大的自由度。如将 Nd:YAG 和 Cr^{4+}:YAG 复合在一起构成被动调 Q 开关,甚至将调 Q 和受激拉曼散射效应相结合,这对单晶材料而言几乎是不可能的。

陶瓷属于多晶结构,微观结构由许多的小晶粒紧密连接而成,陶瓷烧结的过程就是晶粒长大和连接的过程,并在此过程中形成大量的晶界、气孔和杂质,导致光的散射和吸收,这也是传统陶瓷不透明的主要原因,图 1-12 是透明陶瓷的微观结构。要使陶瓷具有高透光率,就需要在制造工艺上消除各种因素造成的光的散射,总的来说需要具备以下条件:

(1) 陶瓷内部致密度高,接近于理论密度;

(2) 晶界干净,没有杂质形成和第二相的偏析,晶界上不存在空隙,晶界要薄,晶界数量较少;

(3) 晶粒尺寸小且分布均匀,其中没有空隙;

(4) 无光学各相异性,晶格体系为立方晶系以消除双折射;

(5) 表面加工光洁度高;

(6) 晶体对入射光的选择吸收很小。

然而要制备高光学质量高效率的激光陶瓷是一件极具挑战性的事。主要因为激光陶瓷制备的工序过程复杂,而且对各工序参数控制的精度要求很高。制备透明陶瓷的技术关键主要有两方面:一是高纯度、高分散、高烧结活性粉体的制备工艺;二是透明陶瓷的致密化烧结技术。进一步纯化陶瓷材料,减小陶瓷内部的气孔、缺陷、杂质等仍需不断地提升制备工艺。

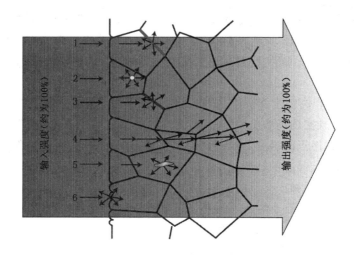

图 1-12　透明陶瓷的微观结构

1——晶界;2——气孔;3——第二相;4——双折射;5——杂质相;6——表面光洁度[66]

参考文献

[1] MCNAUGHT S J,ASMAN C P,INJEYAN H,et al. 100-kW coherently combined Nd:YAG MOPA laser array[C]// Frontiers in Optics,The Optical Society of America,2009:FThD2.

[2] 雷小丽,孙玲,刘洋,等.达信公司百千瓦陶瓷激光器技术综述[J].激光与红外,2011,41(9):949-952.

[3] SANGHERA J,KIM W,VILLALOBOS G,et al. Ceramic laser materials: past and present [J]. Optical materials,2013,35(4):693-699.

[4] MAHONEY K M,HWANG D,OIEN A M L,et al. Compact short pulse eyesafe solid-state Raman laser[C]// Advanced Solid-State Photonics,The Optical Society of America,2006:MC2.

[5] 冯宇彤,孟俊清,陈卫标.人眼安全全固态激光器研究进展[J].激光与光电子学进展,2007,44(10):246-249.

[6] TACZAK T M,KILLINGER D K. Development of a tunable, narrow-linewidth,cw 2.066-μm Ho:YLF laser for remote sensing of atmospheric CO_2 and H_2O[J]. Applied optics,1998,37(36):8460-8476.

[7] HENDERSON S W,SUNI P J M,HALE C P,et al. Coherent laser radar at 2 μm using solid-state lasers[J]. IEEE transactions on geoscience and

remote sensing,1993,31(1):4-15.

[8] WALSH B M. Review of Tm and Ho materials: spectroscopy and lasers [J]. Laser physics,2009,19(4):855-866.

[9] TRAUNER K,NISHIOKA N,PATEL D. Pulsed holmium:yttrium-aluminum-garnet (Ho:YAG) laser ablation of fibrocartilage and articular cartilage [J]. The American journal of sports medicine,1990,18(3):316-320.

[10] KABALIN J N. Holmium:YAG laser prostatectomy canine feasibility study [J]. Lasers in surgery and medicine,1996,18(3):221-224.

[11] PHUA P B,LAI K S,WU R. Multiwatt high-repetition-rate 2 μm output from an intracavity KTiOPO$_4$ optical parametric oscillator[J]. Applied optics,2000,39(9):1435-1439.

[12] ARISHOLM G,LIPPERT E,RUSTAD G,et al. Efficient conversion from 1 to 2 μm by a KTP-based ring optical parametric oscillator[J]. Optics letters,2002,27(15):1336-1338.

[13] WU R F,LAI K S,WONG H,et al. Multiwatt mid-IR output from a Nd: YALO laser pumped intracavity KTA OPO[J]. Optics express, 2001, 8(13):694-698.

[14] BHUSHAN R,YOSHIDA H,TSUBAKIMOTO K,et al. High efficiency and high energy parametric wavelength conversion using a large aperture periodically poled MgO:LiNbO$_3$ [J]. Optics communications, 2008, 281 (14):3902-3905.

[15] KOCH P,RUEBEL F,NITTMAN M,et al. Narrow-band,tunable 2 μm optical parametric oscillator based on MgO:PPLN at degeneracy with a volume Bragg grating output coupler[J]. Applied physics B, 2011, 105 (4):715-720.

[16] CHEUNG E, PALESE S, INJEYAN H, et al. High power optical parametric oscillator source [C] // IEEE Aerospace Conference Proceedings,2000,3:55-59.

[17] CUI Q,SHU X,LE X,et al. 70-W average-power doubly resonant optical parametric oscillator at 2 μm with single KTP[J]. Applied physics B, 2014,117(2):639-643.

[18] HONEA E C,BEACH R J,SUTTON S B,et al. 115-W Tm:YAG diode-pumped solid-state laser[J]. IEEE journal of quantum electronics,1997, 33(9):1592-1600.

[19] LAI K S, PHUA P B, WU R F, et al. 120-W continuous-wave diode-pumped Tm:YAG laser[J]. Optics letters, 2000, 25(21):1591-1593.

[20] LAI K S, XIE W J, WU R F, et al. A 150 W 2-micron diode-pumped Tm:YAG laser[C]//Conference on Advanced Solid-State Lasers, The Optical Society of America, 2002, 2:535-539.

[21] CAO D, PENG Q, DU S, et al. A 200 W diode-side-pumped CW 2 μm Tm:YAG laser with water cooling at 8 °C[J]. Applied physics B, 2011, 103(1):83-88.

[22] WANG C, NIU Y, DU S, et al. High-power diode-side-pumped rod Tm:YAG laser at 2.07 μm[J]. Applied optics, 2013, 52(31):7494-7497.

[23] SUNI P J M, HENDERSON S W. 1-mJ/pulse Tm:YAG laser pumped by a 3-W diode laser[J]. Optics letters, 1991, 16(11):817-819.

[24] RUSTAD G, STENERSEN K. Low threshold laser-diode side-pumped Tm:YAG and Tm:Ho:YAG lasers[J]. IEEE journal of selected topics in quantum electronics, 1997, 3(1):82-89.

[25] TSAI T Y, BIRNBAUM M. Q-switched 2 μm lasers by use of a Cr^{2+}:ZnSe saturable absorber[J]. Applied optics, 2001, 40(36):6633-6637.

[26] EICHHORN M, HIRTH A. Electro-optically Q-switched Tm:YAG laser pumped ZGP optical-parametric oscillator[C]//Conference on Lasers and Electro-Optics, The Optical Society of America, 2008:CTuII3.

[27] EICHHORN M, KIELECK C, HIRTH A. Q-switched Tm^{3+}:YAG rod laser with crystalline fiber geometry[C]//Conference on Lasers and Electro-Optics, The Optical Society of America, 2009:CWH2.

[28] SO S, MACKENZIE J I, SHEPHERD D P, et al. A power-scaling strategy for longitudinally diode-pumped Tm:YLF lasers[J]. Applied physics B, 2006, 84(3):389-393.

[29] SCHELLHORN M, NGCOBO S, BOLLIG C. High-power diode-pumped Tm:YLF slab laser[J]. Applied physics B, 2009, 94(2):195-198.

[30] SULLIVAN A C, ZAKEL A, WAGNER G J, et al. High power Q-switched Tm:YALO lasers[C]//Advanced Solid-State Photonics, The Optical Society of America, 2004:329.

[31] EICHHORN M. Quasi-three-level solid-state lasers in the near and mid infrared based on trivalent rare earth ions[J]. Applied physics B, 2008, 93(2-3):269-316.

[32] DERGACHEV A, MOULTON P F. High-power, high-energy diode-pumped Tm:YLF-Ho:YLF-ZGP laser system[C]//Advanced Solid-State Photonics, The Optical Society of America, 2003:137.

[33] BUDNI P A, IBACH C R, SETZLER S D, et al. 50 mJ, Q-switched, 2.09 μm holmium laser resonantly pumped by a diode-pumped 1.9 μm thulium laser[J]. Optics letters, 2003, 28(12):1016-1018.

[34] SHEN Y J, YAO B Q, DUAN X M, et al. 103 W in-band dual-end-pumped Ho:YAG laser[J]. Optics letters, 2012, 37(17):3558-3560.

[35] SHEN D Y, ABDOLVAND A, COOPER L J, et al. Efficient Ho:YAG laser pumped by a cladding-pumped tunable Tm:silica-fibre laser[J]. Applied physics B, 2004, 79(5):559-561.

[36] MU X, MEISSNER H E, LEE H C. Thulium fiber laser 4-pass end-pumped high efficiency 2.09-μm Ho:YAG laser[C]//Conference on Lasers and Electro-Optics, The Optical Society of America, 2009:CWH1.

[37] FONNUM H, LIPPERT E, HAAKESTAD M W. 550 mJ Q-switched cryogenic Ho:YLF oscillator pumped with a 100 W Tm:fiber laser[J]. Optics letters, 2013, 38(11):1884-1886.

[38] SCHOLLE K, FUHRBERG P. In-band pumping of high-power Ho:YAG lasers by laser diodes at 1.9 μm[C]//OSA/CLEO/QELS, 2008, paper CTuAA1.

[39] LAMRINI S, KOOPMANN P, SCHOLLE K, et al. High-power Ho:YAG laser in-band pumped by laser diodes at 1.9 μm and wavelength-stabilized by a volume bragg grating[C]//OSA/ASSP/LACSEA/LS&C, 2010, paper AMB13.

[40] LAMRINI S, KOOPMANN P, SCHÄFER M, et al. Efficient high-power Ho:YAG laser directly in-band pumped by a GaSb-based laser diode stack at 1.9 μm[J]. Applied physics B, 2012, 106(2):315-319.

[41] BOCHKAREV A, DOLGINOV L M, DRAKIN A E, et al. Continuous-wave lasing at room temperature in InGaSbAs/GaAlSbAs injection heterostructures emitting in the spectral range 2.2~2.4 μm[J]. Quantum electronics, 1988, 18(11):1362-1363.

[42] CHOI H K, EGLASH S J. High-power-multiple-quantum-well GaInAsSb/AlGaAsSb diode lasers emitting at 2.1 μm with low threshold current density[J]. Applied physics letters, 1992, 61(10):1154-1156.

[43] MAJOR J S,OSINSKI J S,WELCH D F. 8. 5 W CW 2. 0 μm InGaAsP laser diodes[J]. Electronics letters,1993,29(24):2112-2113.

[44] GARBUZOV D Z, MARTINELLI R U, LEE H, et al. 4 W quasi-continuous-wave output power from 2 μm AlGaAsSb/InGaAsSb single-quantum-well broadened waveguide laser diodes [J]. Applied physics letters,1997,70(22):2931-2933.

[45] KELEMEN M T,WEBER J,et al. High-power 1. 9 μm diode laser arrays with reduced far-field angle[J]. IEEE photonics technology letters,2006, 18(4):628-630.

[46] YOU M H,GAO X,et al. 2. 2 μm InGaAsSb/AlGaAsSb laser diode under continuous wave operating at room temperature[J]. Laser physics,2011, 21(3):493-495.

[47] YU Z, YONGBIN W, YINGQIANG X, et al. High-temperature($T=80$ ℃) operation of a 2 μm InGaSb-AlGaAsSb quantum well laser[J]. Journal of semiconductors,2012,33(4):44006-44007.

[48] HILZENSAUER S,GILLY J,FRIEDMANN P,et al. High-power diode lasers between 1. 8 μm and 3. 0 μm[C]// Novel in-Plane Semiconductor Lasers Ⅻ,International Society for Optics and Photonics,2013:8640.

[49] ELIM J P, BOUGHER M, DAS S, et al. High-power diode lasers operating at 1 800～2 100 nm for LADAR and direct use in IRCM applications[EB/OL]. http://www. nlight. net/inp/.

[50] CHOI H K. Long-wavelength infrared semiconductor lasers[M]. New Jersey:John Wiley & Sons,2004.

[51] CRUMP P, PATTERSON S, DONG W, et al. Room temperature high power mid-IR diode laser bars for atmospheric sensing applications[C]// Defense and Security Symposium, International Society for Optics and Photonics,2007:655216-655216-11.

[52] HATCH S E,PARSONS W F,WEAGLEV R J. Hot-pressed polycrystalline $CaF_2:Dy^{2+}$ Laser[J]. Applied physics letters,1964,5(8):153-154.

[53] GRESKOVICH C,CHERNOCH J P. Polycrystalline ceramic lasers[J]. Journal of applied physics,1973,44(10):4599-4606.

[54] IKESUE A,KINOSHITA T,KAMATA K,et al. Fabrication and optical properties of high-performance polycrystalline Nd:YAG ceramics for solid-state lasers[J]. Journal of the American ceramic society, 1995,

78(4):1033-1040.

[55] MANDL A,KLIMEK D E. Textron's J-HPSSL 100 kW ThinZag® laser program[C] // Conference on Lasers and Electro-Optics, The Optical Society of America,2010:JThH2.

[56] ZHANG W X,PAN Y B,ZHOU J,et al. Diode-pumped Tm:YAG ceramic laser [J]. Journal of the American ceramic society, 2009, 92 (10): 2434-2437.

[57] MA Q L,BO Y,ZONG N,et al. Light scattering and 2 μm laser performance of Tm:YAG ceramic[J]. Optics communications,2011,284(6):1645-1647.

[58] ZHANG S, WANG M, XU L, et al. Efficient Q-switched Tm:YAG ceramic slab laser [J]. Optics express,2011,19(2):727-732.

[59] WANG Y,SHEN D,CHEN H,et al. Highly efficient Tm:YAG ceramic laser resonantly pumped at 1 617 nm[J]. Optics letters, 2011, 36(23): 4485-4487.

[60] NEWBURGH G A,WORD-DANIELS A,IKESUE A,et al. Resonantly pumped 2.1 μm Ho:Y_2O_3 ceramic laser[C] // Conference on Lasers and Electro-Optics,The Optical Society of America,2010:CMDD2.

[61] NEWBURGH G A,WORD-DANIELS A,MICHAEL A,et al. Resonantly diode-pumped Ho^{3+}:Y_2O_3 ceramic 2.1 μm laser[J]. Optics express,2011, 19(4):3604-3611.

[62] CHENG X J,XU J Q,WANG M J,et al. Ho:YAG ceramic laser pumped by Tm:YLF lasers at room temperature[J]. Laser physics letters,2010,7 (5):351-354.

[63] CHEN H, SHEN D, ZHANG J, et al. In-band pumped highly efficient Ho:YAG ceramic laser with 21 W output power at 2097 nm[J]. Optics letters,2011,36(9):1575-1577.

[64] WANG L,GAO C,et al. A resonantly-pumped tunable Q-switched Ho: YAG ceramic laser with diffraction-limit beam quality [J]. Optics express,2014,22(1):254-261.

[65] YAMAMOTO B M,BHACHU B S,CUTTER K P,et al. The use of large transparent ceramics in a high powered, diode pumped solid-state laser[C] // Advanced Solid-State Photonics,The Optical Society of America,2008:WC5.

[66] IKESUE A,AUNG Y L. Ceramic laser materials[J]. Nature photonics, 2008,2(12):721-727.

第 2 章　连续运转 Tm:YAG 透明陶瓷激光器

本章首先介绍了 Tm:YAG 陶瓷的光谱特性,分析了激光工作物质的能级跃迁,建立了 Tm:YAG 激光器的准三能级系统速率方程理论模型。通过对连续运转速率方程的求解,讨论了激光增益介质的掺杂浓度、样品长度、谐振腔输出镜透过率等参数对激光器的输出特性的影响。实验中利用简单的线性腔结构,采用 LD 端面泵浦方式,详细地研究了 Tm:YAG 陶瓷激光器的连续波输出特性,比较分析了陶瓷的掺杂浓度、陶瓷长度、输出镜透过率等参数对激光器连续运转激光特性的影响,并根据这几种参量优化实验。

2.1　掺铥固体激光器的泵浦方式

由于基质材料中晶体场的作用,材料中的铥离子展宽成能带。不同基质材料(常见的有 YAG、YLF、YVO$_4$、YAP、GdVO$_4$ 等)中铥离子的能带宽度、能带间隔等都各不相同,但是基本特征是相似的。图 2-1 中给出了一个典型的铥离子能级结构,2 μm 激光对应于 $^3F_4 \rightarrow ^3H_6$ 子能级间的跃迁。图 2-2 是实验测量的 Tm:YAG 材料的吸收光谱。由铥材料的吸收光谱可以知道泵浦光的波长与泵浦过程,通常把掺铥激光器的基本泵浦方式分为三类:① 800 nm 波段半导体泵浦(图 2-1 中能级跃迁 $^3H_6 \rightarrow ^3H_4$);② 1.2 μm 波段激光泵浦(图 2-1 中能级跃迁 $^3H_6 \rightarrow ^3H_5$);③ 1.6~1.7 μm 波段激光泵浦(图 2-1 中能级跃迁 $^3H_6 \rightarrow ^3F_4$)。其中,在 1.2 μm 波段泵浦方式中,泵浦光将铥离子抽运到 $^3H_5$ 能态上。$^3H_5$ 能级位于基态以上 7 650 cm^{-1} 处,比 $^3F_4$ 态的能量高。大部分 $^3H_5$ 态的离子都可通过非辐射跃迁方式快速弛豫到离它 2 250 cm^{-1} 的 2 μm 波段上激光能级 $^3F_4$ 能态,而由 $^3H_5$ 态直接跃迁产生激光辐射的概率非常小。在石英基质材料中,$^3H_5$ 能态的峰值吸收波长约为 1 200 nm,由于吸收光谱很宽,掺铥石英光纤中 $^3H_5$ 对 1 040~1 060 nm 的光也有一定的吸收,因此利用价格较低的商用 1 060 nm 激光器间接泵浦 $^3F_4$ 能级代替 1 650 nm 直接泵浦也不失为一种备选方案。另外,在这一泵浦过程中,处于激发态的粒子吸收泵浦光还会跃迁到更高的顶部能态 $^3F_2$、$^3F_3$、$^1G_4$,产生上转换激光输出。但由于硅基光纤的上转换效率较低,所以由 $^3F_2$、$^3F_3$、$^1G_4$ 产生的辐射比较微弱,很难形成激光振荡。这种泵浦方式低的量子效率不仅造成了能量的浪费,而且激光运转时产生的废热还会导致激光性能的急剧下降,一般不选择作为 $2~\mu m$ 掺铥激光器的抽运方式,本书中不再涉及这种技术方案的铥激光器。

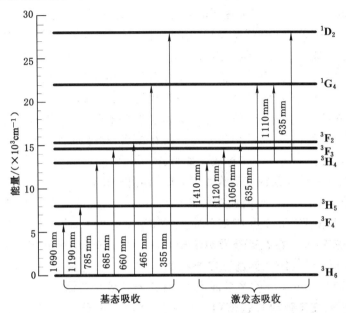

图 2-1　Tm^{3+} 离子能级结构图

图中最左边三条箭头分别标示出了三种基本泵浦过程

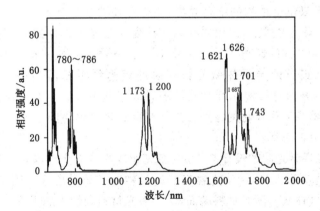

图 2-2　Tm : YAG 材料的吸收光谱

800 nm 附近吸收峰对应于 $^3H_6 \rightarrow {}^3H_4$ 跃迁过程;

1 200 nm 附近吸收峰对应于 $^3H_6 \rightarrow {}^3H_5$ 跃迁过程;

1 600～1 700 nm 附近吸收峰对应于同带泵浦

第三类抽运方式是将激光离子直接抽运到激光能态$^3F_4$上,泵浦光激发能级与激光上能级同处于一个大能级($^3F_4$),这类泵浦方式通常被称为共振泵浦或同带泵浦。由于缺少这一波长范围的高功率半导体泵浦源,通常利用其他激光器作为泵浦源,比如掺铒光纤激光器的发射波长与铥光纤激光器的吸收波长一致,可以用来泵浦铥光纤激光器。这种泵浦方案的一个优点是由于铒光纤激光的亮度很高,可以进行芯径泵浦。这为铥光纤芯径结构和掺杂浓度选择提供了很大的灵活性,而且铥光纤激光器的发射波长也可以灵活选择。利用铒光纤激光包层泵浦铥光纤在 1 940 nm 波长已经获得了功率高达 415 W 的单模激光输出。但是,由于共振泵浦系统结构比较复杂而且昂贵,整体泵浦效率不高,一定程度上限制了铥激光器的功率定标放大能力。

在 800 nm 波长泵浦光的作用下,部分铥离子跃迁到基态以上 12 500 cm^{-1} 的$^3H_4$能态,一个处于$^3H_4$高能态的离子与另一个邻近的处于基态$^3H_6$的离子相互作用,处于激发态的离子把部分能量转移给基态粒子,使得两个离子同时跃迁到激光上能级$^3F_4$。在石英基质玻璃中,$^3H_4 \rightarrow {}^3F_4$ 和 $^3H_6 \rightarrow {}^3F_4$ 跃迁的能量差相差 600~700 cm^{-1},因此该过程需要在声子的参与下完成。在交叉弛豫过程的作用下,以 800 nm 激光作为泵浦光时,掺铥光纤激光器输出光子数的量子效率接近 200%。交叉弛豫过程使得可以利用高功率半导体激光泵浦直接产生 2 μm 激光输出。商业化 800 nm 波段高功率半导体激光器的存在使得掺铥激光器具有实现 2 μm 波长高功率输出的巨大潜力。但是由于半导体激光的亮度不高,需要采用双包层结构的增益光纤,激光振荡波长通常比较长:1 850~2 100 nm。在这种泵浦方式下,优化的铥离子浓度与激光工作模式和振荡波长有关,一般来说,3 wt.%的铥离子掺杂浓度对于长波边连续激光振荡是一个优化选择。目前,已报道的半导体激光包层泵浦铥光纤激光器的最高斜效率达到74%[12],与包层泵浦掺镱光纤激光器的斜效率差不多。一般来说,利用高功率半导体激光器泵浦商业化的铥增益光纤获得的斜效率要低于60%,但是也已经远高于斯托克斯效率。

2 μm 掺铥激光腔的设计与 1 μm 激光相比没有太大差异,只是由于水分子对 2 μm 激光有强吸收,在激光器高功率运转时需要考虑这一因素。可以使用氮气或惰性气体吹拂激光材料端面,保持激光材料和镜子的干燥,以及养成良好的操作习惯等。

2.2 掺铥激光陶瓷的光谱性质

激光材料的光谱性质包括材料的吸收、发射以及与此相关的受激吸收截面、受激发射截面等。光谱性质由掺杂离子和基质材料共同决定。通过激光材料的光谱性质可以初步判断这种材料是否可以作为激光工作物质,因此光谱性质是评价激光材料优劣性的主要性能指标之一。

　　激光介质的光谱特性由掺杂离子决定,包括激光介质的吸收和受激发射波长等。图 2-3 是室温下 4 at. % Tm:YAG 陶瓷的吸收光谱。从图中可以看出,Tm:YAG 陶瓷的吸收峰主要在 781 nm 和 786 nm,781 nm 的吸收峰半宽度约为 3 nm,峰值吸收截面为 0.64×10^{-20} cm^2,786 nm 的吸收峰吸收半宽度约为 2 nm,峰值吸收截面为 0.76×10^{-20} cm^2,与 Tm:YAG 晶体在该波长处的吸收截面相近[1]。

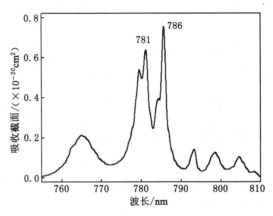

图 2-3　室温下 4 at. % Tm:YAG 陶瓷的吸收光谱

　　单掺 Tm^{3+} 激光介质荧光谱主要是研究 Tm^{3+}:^{3}F$_4 \rightarrow ^3$H$_6$ 能级跃迁。Tm:YAG 陶瓷对应的荧光带宽约 400 nm,在此带宽范围内有多个荧光强度较强的主发射峰,波长分别为 1 745 nm、1 786 nm、1 881 nm、1 960 nm 和 2 015 nm,如图 2-4 所示。对于 Tm^{3+} 准三能级系统,激光下能级位于^{3}H$_6$基态简并能级,激光介质的再吸收效应会导致量子效率降低,输出波长向长波长方向移动。结合 Tm:YAG 在荧光谱范围内的吸收和发射截面,可以估算 Tm:YAG 的增益截面[2-3]。

　　增益截面定义为

$$\sigma_g(\lambda) = \beta\sigma_{em}(\lambda) - (1-\beta)\sigma_{abs}(\lambda) \tag{2.1}$$

式中,$\sigma_g(\lambda)$ 是激光波长 λ 处的增益截面;$\beta = \dfrac{N_2}{N_1 + N_2} \approx \dfrac{N_2}{N_0}$ 是受激到上能级的粒子数占总粒子数的百分比,称为反转因子,N_1 和 N_2 分别是能级^{3}F$_4$和^{3}H$_6$的粒子数密度,N_0 是 Tm^{3+} 总的粒子数密度;$\sigma_{em}(\lambda)$ 是在激光波长为 λ 处的发射截

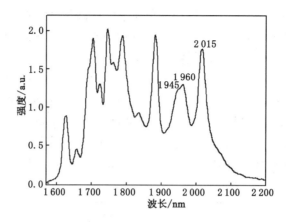

图 2-4　室温下 4 at.％ Tm：YAG 陶瓷的荧光谱

面；$\sigma_{abs}(\lambda)$ 表示在激光波长为 λ 处的吸收截面。图 2-5 给出了 1.6～2.1 μm 波长范围内多个不同 β 值的 Tm^{3+} 离子增益截面，$\sigma_g(\lambda)$ 在短波长处呈现负值表明无法产生激光，主要是该处的再吸收严重所致；在 1 800 nm 之后出现正值，随着 β 的提高，增益峰越来越明显。在 β 较大时，增益谱的主峰位置和荧光光谱相一致，在 1 881 nm、1 960 nm、2 015 nm 处，且谱线较宽。由图中可以看出，2 015 nm 波长处的增益截面明显高于其他波长的增益截面，因此，Tm：YAG 陶瓷在自由运转时将发射 2 015 nm 波长激光。

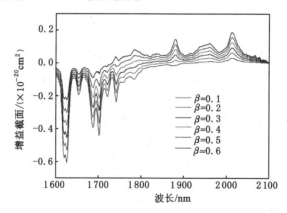

图 2-5　Tm：YAG 陶瓷对应不同 β 值的增益截面

　　Tm^{3+} 离子的能级在基质材料晶体场作用下发生 Stark 能级分裂，主能级将分裂成很多个 Stark 子能级。从 0～765 cm^{-1} 的基态 $^3H_6$ 能级分裂成 13 个 Stark 子能级，从 5 556 cm^{-1} 至 6 233 cm^{-1} 的 $^3F_4$ 能级分裂成 9 个 Stark 子能级[4]。Tm:YAG 激光器 2 μm 附近的激光跃迁发生在多重态 ³F₄ 的较低的 Stark 能级和基态 ³H₆ 较高的 Stark 能级之间,是一种典型的准四能级系统。稀土离子同一个多重态 Stark 子能级之间的无辐射弛豫速率比相邻多重态之间的跃迁速率大 3~6 个数量级,因此在稳态泵浦条件下,Tm 系统主能带各子能级归一化的粒子布居数满足玻耳兹曼分布[5],写为:

$$f_i = \frac{\exp(-E_i/k_{\mathrm{B}}T)}{\sum_i \exp(-E_i/k_{\mathrm{B}}T)} \tag{2.2}$$

式中,E_i 是主能带第 i 级 Stark 分裂子能级的能量,cm⁻¹;k_{B} 是玻耳兹曼常数;T 是温度,K。表 2-1 给出了室温下与 2 μm 激光产生相关的子能级的能量值和对应的玻耳兹曼布居数。

表 2-1　　　　　　　　Tm:YAG 激光产生相关子能级的参数

主能带	能级能量 E/cm	玻耳兹曼布居数 f_{L}	主能级	能级能量 E/cm	玻耳兹曼布居数 f_{U}
³H₆	0	0.291 3	³F₄	5 556	0.459 3
	27	0.255 7		5 736	0.193 5
	216	0.103 2		5 832	0.122 1
	241	0.091 5		5 901	0.087 6
	247	0.088 9		6 041	0.044 7
	252	0.086 8		6 108	0.032 4
	588	0.017 3		6 170	0.024 1
	610	0.015 6		6 224	0.018 6
	650	0.012 8		6 233	0.017 8
	690	0.010 6			
	698	0.010 2			
	730	0.008 7			
	765	0.007 4			

图 2-6 是 Tm:YAG 中 Tm³⁺ 能级结构简图。左侧是 Tm³⁺ 的能级按照能量高低排布的基本结构和对应的 Stark 子能级的能量值。图中显示了 ³H₆ → ³H₄ 泵浦方案下各个能级的跃迁过程,常温下工作的 Tm 系统主要有以下能量转移过程。

(1) ³H₆ 基态能级上的 Tm³⁺ 吸收 786 nm LD 泵浦光而产生受激吸收被激发到 ³H₄ 能级。

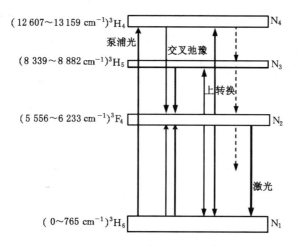

图 2-6　Tm:YAG 中 Tm³⁺ 能级结构简图

（2）$^3H_4$、$^3H_5$、$^3F_4$ 上的粒子产生自发辐射跃迁。

（3）处于 $^3H_4$ 能级上的 Tm³⁺ 与邻近的处于 $^3H_6$ 能级上的 Tm³⁺ 发生交叉弛豫过程，处于 $^3H_4$ 能级的粒子传递能量给 $^3H_6$ 能级上的粒子使其跃迁到 $^3F_4$ 能级，本身则无辐射弛豫到 $^3F_4$ 能级（$^3H_4 \rightarrow {}^3F_4$：$^3F_4 \leftarrow {}^3H_6$），也表示为：$^3H_6 + {}^3H_4 \rightarrow 2{}^3F_4$。通过交叉弛豫机制，一个泵浦光子将产生两个位于 $^3F_4$ 能级的粒子，量子效率接近 $2^{[6]}$。如果不考虑交叉弛豫过程，则 Tm 激光器最大可能获得的斜效率即为斯托克斯效率，$\eta_{st} = \lambda_p / \lambda_1$，约为 40%，由于存在交叉弛豫，总效率可以提高到 80%。

（4）在 Tm:YAG 系统中，两个处于 $^3F_4$ 能级的 Tm³⁺ 相互作用，一个粒子的能量转移给另一个粒子，得到能量的粒子从 $^3F_4$ 跃迁至更高的 $^3H_4$ 或 $^3H_5$ 能级，另一个则回到基态 $^3H_6$ 能级，$2{}^3F_4 \rightarrow {}^3H_6 + {}^3H_4$ 或 $2{}^3F_4 \rightarrow {}^3H_5 + {}^3H_4$，即能量转移上转换，虽然由于横向弛豫，处于更高能级的粒子还可以无辐射跃迁回到激光上能级，但是能量上转换的结果会使上能级粒子数密度减小。能量上转换是交叉弛豫的反过程，二者都与 Tm³⁺ 的掺杂浓度有关。

（5）$^3F_4$ 能级上的 Tm³⁺ 受激辐射到 $^3H_6$ 能级时，就发射出 2 μm 附近的激光。

（6）激光产生后，由于激光下能级处于 Stark 子能级上，这使得在常温下，激光下能级所处的多重态上的离子会吸收激光光子，就是所谓的再吸收。它与激光下能级所处多重态的粒子数、振荡光能量、晶体长度等因素有关。激光介质需要吸收更多的泵浦光能量，补偿被再吸收的激光光子的能量。泵浦光需要提供足够克服谐振腔损耗和增益介质再吸收损耗的能量增益，才有可能产生受激辐射。

2.3　半导体激光泵浦掺铥陶瓷激光器理论分析

2.3.1　激光系统速率方程的建立

根据 Tm 系统的能级跃迁,考虑交叉弛豫和能量转移上转换的影响[7],写出常温下 Tm:YAG 激光器连续运转的速率方程如下:

$$\frac{\mathrm{d}N_4}{\mathrm{d}t} = R_\mathrm{p} - k_{4212}N_4N_1 + k_{2124}N_2^2 - \frac{N_4}{\tau_4} \tag{2.3}$$

$$\frac{\mathrm{d}N_3}{\mathrm{d}t} = k_{2123}N_2^2 - k_{3212}N_3N_1 + \beta_{43}\frac{N_4}{\tau_4} - \frac{N_3}{\tau_3} \tag{2.4}$$

$$\frac{\mathrm{d}N_2}{\mathrm{d}t} = 2k_{4212}N_4N_1 + 2k_{3212}N_3N_1 - 2(k_{2123}+k_{2124})N_2^2 -$$

$$\frac{N_2}{\tau_2} + \beta_{32}\frac{N_3}{\tau_3} + \beta_{42}\frac{N_4}{\tau_4} - \frac{c}{n}\sigma_\mathrm{e}\varphi(f_\mathrm{U}N_2 - f_\mathrm{L}N_1) \tag{2.5}$$

$$N_1 = N_\mathrm{Tm} - \sum_{i=2}^{4}N_i \tag{2.6}$$

$$\frac{\mathrm{d}\varphi}{\mathrm{d}t} = \frac{c}{n}\sigma_\mathrm{e}\varphi(f_\mathrm{U}N_2 - f_\mathrm{L}N_1) - \frac{\varphi}{\tau_\mathrm{c}} \tag{2.7}$$

式中,N_1,N_2,N_3,N_4 分别表示 $^3\mathrm{H}_6$,$^3\mathrm{F}_4$,$^3\mathrm{H}_5$,$^3\mathrm{H}_4$ 能级上的粒子数密度。N_Tm 表示 Tm 离子的总粒子数密度。$R_\mathrm{p} = \frac{P_\mathrm{a}}{\pi w_\mathrm{p}^2 l_\mathrm{a} h\nu_\mathrm{p}}$ 表示 $^3\mathrm{H}_6 \rightarrow {}^3\mathrm{H}_4$ 的泵浦速率,其中,w_p 表示泵浦光斑半径;P_a 表示吸收的泵浦光功率,它与入射到激光介质上的泵浦功率 P_in 有关,$P_\mathrm{a} = P_\mathrm{in}(1 - \mathrm{e}^{-\alpha_\mathrm{p}l_\mathrm{a}})$,$\alpha_\mathrm{p}$ 是激光介质的吸收系数,$\alpha_\mathrm{p} = \sigma_\mathrm{p}N_\mathrm{Tm}$,$\sigma_\mathrm{p}$ 是在泵浦波长处的吸收截面。l_a 是激光介质的长度,ν_p 是泵浦光的频率。k_{ijkl} 表示第 i 个能级到第 j 个能级以及第 k 个能级到第 l 个能级的能量转换系数。τ_i 表示第 i 个能级的能级寿命。φ 表示光子数密度。c 表示真空中的光速。n 表示晶体的折射率。β_{ij} 表示第 i 个能级向第 j 个能级的自发辐射跃迁的分支比。σ_e 为激光的发射截面。f_U 和 f_L 分别表示上下激光能级的玻耳兹曼布居数。$\tau_\mathrm{c} = \frac{2nL}{c(-\ln R_1 R_\mathrm{oc} + \delta)}$ 表示腔内的光子寿命,其中 L 是腔的光学长度,R_1、R_oc 是输入镜和输出镜的反射率,δ 是腔内的其他损耗,包括端面杂质吸收损耗、散射损耗等。

这四个微分方程式描述了 Tm 准四能级系统较低的 4 个能级受激吸收、受激发射以及自发辐射等情况。由于 $^3\mathrm{H}_4$ 的能级寿命为几十微秒,$^3\mathrm{H}_5$ 的能级寿命为

$8\ \mu s$,考虑到$^3F_4$的能级寿命为 12 ms,可以假设 $N_2 \gg N_4$、$N_2 \gg N_3$、$N_1 \approx N_{Tm} - N_2$。
上述式(2.3)～式(2.6)可以简化为:

$$\frac{dN_2}{dt} = R_p[2\eta_4 + (1-\eta_4)(\beta_4 + \beta_{43}\eta_3)] - \frac{N_2}{\tau_2} -$$

$$k_{\sum Tm}N_2^2 - \frac{c}{n}\sigma_e\varphi[(f_U + f_L)N_2 - f_L N_{Tm}] \quad (2.8)$$

$$\frac{d\varphi}{dt} = \frac{c}{n}\sigma_e\varphi[(f_U + f_L)N_2 - f_L N_{Tm}] - \frac{\varphi}{\tau_c} \quad (2.9)$$

式中,$\beta_4 = \beta_{43} + \beta_{42}$,$\beta_{32} = 1$,$\eta_4$ 为交叉弛豫效率,表示从$^3H_4$能级上的粒子弛豫到激光上能级$^3F_4$的百分比,这样$(1-\eta_4)$代表$^3H_4$能级的自发辐射效率。按照同样的方式定义,η_3 表示$^3H_5$能级的交叉弛豫效率;$k_{\sum Tm}$是总的上转换损耗常数。

$$\eta_4 = \frac{k_{4212}N_1\tau_4}{1 + k_{4212}N_1\tau_4} \quad (2.10)$$

$$\eta_3 = \frac{k_{3212}N_1\tau_3}{1 + k_{3212}N_1\tau_3} \quad (2.11)$$

$$k_{\sum Tm} = k_{2123}(1-\eta_3) + (2-\beta_4-\beta_{43}\eta_3)(1-\eta_4)k_{2124} \quad (2.12)$$

当考虑基态漂白时,吸收系数 α_p 表示为:

$$\alpha_p = \sigma_{abs}(N_{Tm} - N_2) = \alpha_0\left(1 - \frac{N_2}{N_{Tm}}\right) \quad (2.13)$$

式中,α_0是激光材料对泵浦光的小信号吸收系数;σ_{abs}是有效的泵浦光吸收截面,泵浦速率也应相应地乘以系数$\left(1-\frac{N_2}{N_{Tm}}\right)$,用来表示泵浦过程中基态粒子数的减小。

2.3.2 激光系统速率方程的数值求解

理论模拟中所采用的参数见表 2-2,连续波运转的 Tm:YAG 激光器的理论计算均是针对 2 015 nm 这个波长进行的。在 Tm:YAG 激光系统中,影响激光输出特性(阈值、斜效率、输出功率等)的因素主要有泵浦光与振荡激光的模式匹配、谐振腔输出镜透过率、样品的掺杂浓度和长度等。下面我们分别讨论这些参数对激光器输出性能的影响,其中主要讨论各参数对激光器的阈值泵浦功率的影响。

(1)泵浦光与振荡光的模式匹配的影响

在固体激光器中,模式匹配是影响激光特性的重要参数,设定振荡光斑的半径 w_{s0} 为 100 μm 和 150 μm,改变泵浦光斑半径,数值求解速率方程得到模式匹配对激光器阈值的影响。图 2-7 描述的是泵浦光束腰半径与激光束腰半径比

表 2-2 激光输出特性模拟所用参数

符号	物理量	数 值
N_{Tm}	Tm 离子的总粒子数密度	4 at.%
τ_2	上能级寿命	12 ms
λ_{em}	激光发射波长	2 015 nm
σ_{em}	受激发射截面	0.2×10^{-20} cm^2
σ_{abs}	吸收截面	0.65×10^{-20} cm^2
n	晶体折射率	1.82
f_U	上能级玻耳兹曼布居数	0.459 3
f_L	下能级玻耳兹曼布居数	0.017 3
η_4	$^3H_4$ 交叉弛豫效率	0.97
β_4	$^3H_4 \rightarrow {}^3H_5$、$^3F_4$ 的分支比	0.6
η_3	$^3H_5$ 能级交叉弛豫效率	0
$k\sum_{Tm}$	总的上转换损耗常数	3×10^{-18} cm^3/s

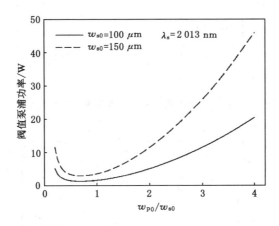

图 2-7 w_{p0}/w_{s0} 对阈值泵浦功率的影响

(w_{p0}/w_{s0})对阈值泵浦功率影响。由图可知,阈值泵浦功率与 w_{p0}/w_{s0} 之间不是线性关系,当获得最小的阈值泵浦功率时,半径比存在一个最佳值,即当 w_{s0} 一定时,w_{p0} 的取值要适当。如果 w_{p0} 太小,一方面容易打坏激光材料,另一方面会由于发散角较大导致耦合效率降低,激光腔膜的一部分处于低增益区或者无反转粒子数区,而使得激光器的阈值增加;如果 w_{p0} 太大,则泵浦功率不能有效耦合进入 TEM$_{00}$ 模体积内,这就使得基膜在激光模式竞争中处于劣势,促使高阶模产生。

（2）输出镜透过率的影响

由图 2-8 可见，阈值泵浦功率与输出镜透过率呈对数关系，当其他参数不变的情况下，随着输出镜透过率增大，阈值泵浦功率增加。因为在激光谐振腔中，输出耦合镜的透过率 T 增大，输出耦合损耗同等增大，所需激光增益增大，故导致阈值泵浦功率增加。我们模拟了输出镜透过率分别为 2%、5%、10% 和 20% 时 Tm:YAG 激光器的输出功率情况，结果如图 2-9 所示。对于 $T=10\%$ 的输出镜，在相同的泵浦下激光输出最高。可以看出，在一定范围内，激光的输出功率随着输出镜透过率 T 增加而增加，但超过一定范围后，则随着 T 的增加而减小，即存在一个最佳透过率，使激光器获得最优化的激光输出。

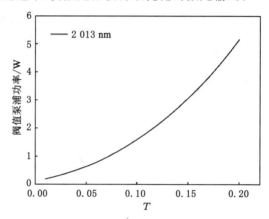

图 2-8　阈值泵浦功率与输出镜透过率的关系

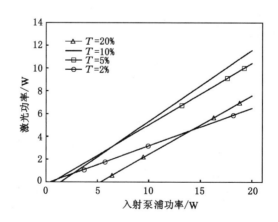

图 2-9　不同输出镜透过率下的激光器输出功率曲线

（3）透明陶瓷掺杂浓度和陶瓷长度的影响

在激光器设计中,总是希望泵浦光能够被充分利用,并最大限度地提取激光能量。除了前文提到的模式匹配之外,激光介质对泵浦光的吸收 $\eta_{abs}=1-\exp(-\alpha l)$ 也是必须要考虑的因素。η 是与激光介质的浓度和长度相关的物理量,由此激光性能与泵浦吸收的关系可转化为其与掺杂浓度和陶瓷长度的关系。

图 2-10 描述了不同掺杂浓度和不同的陶瓷长度对阈值泵浦功率的影响。从图中可以看出,在确定的掺杂浓度下,激光介质有一个最佳的长度使阈值泵浦功率最小,同样地,在确定的陶瓷长度的情况下,也有一个最佳的离子掺杂浓度,即存在一个最佳的吸收效率。当吸收效率低于最佳值时,增益介质显然无法获得足够的增益,从而使得激光振荡阈值提高,增加增益介质的掺杂浓度和长度可以增加泵浦光的吸收效率,同时降低基态损耗,但是增加过多会增加激光介质的再吸收损耗而提高泵浦阈值。另外,高掺杂的增益介质本身就会产生大量的热沉积,随着浓度增加而增强的上转换过程,更是加剧了这种不利的热效应,使基质温度和腔内损耗剧增,从而导致比较高的激光阈值和上能级的激发态粒子密度,又将导致高的上转换效率,如此循环往复,不利于高性能的激光输出。选择合适掺杂浓度和长度的增益介质是优化激光器性能的前提条件。

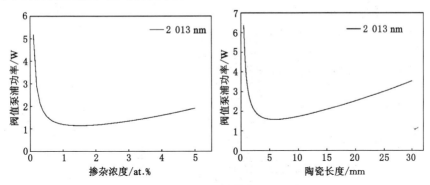

图 2-10　阈值泵浦功率与掺杂浓度和陶瓷长度的关系

2.4　半导体激光泵浦掺铥陶瓷激光特性的实验研究

2.4.1　固体激光器谐振腔的设计

激光器高功率运转时,增益介质的热透镜效应几乎影响到激光器性能的各个方面,例如:谐振腔的稳定性、腔模尺寸、偏振特性和输出光束质量等。因此谐振腔设计中必须考虑激光介质吸收泵浦光而伴随产生的热透镜效应。连续波端面泵浦固体激光器激光增益介质的热透镜焦距 f_T 为[8]：

$$f_T = \frac{\pi K_c r_p^2}{P_{ph}(dn/dT)(1-e^{-\alpha l_a})} \tag{2.14}$$

式中，K_c 是晶体的热导率；r_p 是泵浦光斑的半径；P_{ph} 是转化成热负载的那部分泵浦光功率；dn/dT 是介质折射率随温度的变化率；α 是泵浦光的吸收系数；l_a 是介质长度。

图 2-11 是一个内含激光介质的双凹腔结构示意图。端镜 M_1 和 M_2 的曲率半径分别为 R_1 和 R_2，激光介质表面至两个端镜的距离分别为 l_1 和 l_2。激光增益介质内的热透镜视为焦距为 f_T 的理想薄正透镜，并位于激光介质的几何中心，激光介质标记为 Cr_1 和 Cr_2，长度均为 l_{Cr}。腔内的往返传输矩阵为：

$$M = \begin{pmatrix} A & B \\ C & D \end{pmatrix} = \begin{pmatrix} 1 & 0 \\ -2/R_1 & 1 \end{pmatrix}\begin{pmatrix} 1 & l_1 \\ 0 & 1 \end{pmatrix}\begin{pmatrix} 1 & l_{Cr}/n \\ 0 & 1 \end{pmatrix}\begin{pmatrix} 1 & 0 \\ -1/f_T & 1 \end{pmatrix}\begin{pmatrix} 1 & l_{Cr}/n \\ 0 & 1 \end{pmatrix}\begin{pmatrix} 1 & l_2 \\ 0 & 1 \end{pmatrix} \times$$
$$\begin{pmatrix} 1 & 0 \\ -2/R_2 & 1 \end{pmatrix}\begin{pmatrix} 1 & l_2 \\ 0 & 1 \end{pmatrix}\begin{pmatrix} 1 & l_{Cr}/n \\ 0 & 1 \end{pmatrix}\begin{pmatrix} 1 & 0 \\ -1/f_T & 1 \end{pmatrix}\begin{pmatrix} 1 & l_{Cr}/n \\ 0 & 1 \end{pmatrix}\begin{pmatrix} 1 & l_1 \\ 0 & 1 \end{pmatrix}$$

$$\tag{2.15}$$

谐振腔的稳定条件为：

$$-1 < \frac{1}{2}(A+D) < 1 \tag{2.16}$$

谐振腔中基模高斯光束的束腰半径为：

$$w_L = \left[\frac{\lambda|B|}{\pi\sqrt{1-\left(\frac{A+D}{2}\right)^2}} \right]^{\frac{1}{2}} \tag{2.17}$$

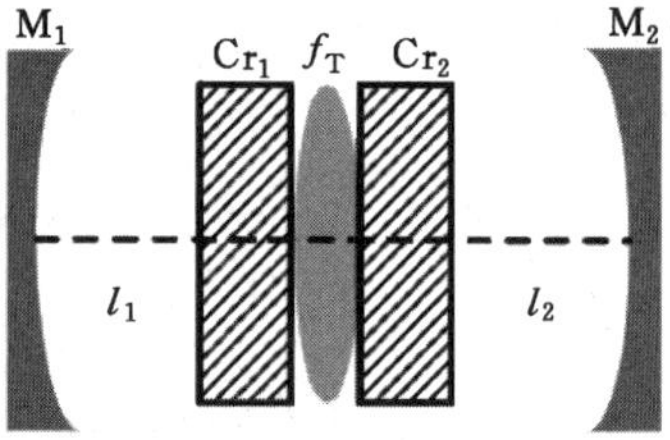

图 2-11　谐振腔示意图

为获得高功率、高效率的稳定基膜运转，端面泵浦固体激光器谐振腔设计应遵循以下原则：① 在满足模式匹配的条件下，谐振腔应有尽可能宽的热焦距 f_T 变化范围；② 在合适的 f_T 范围内，腔膜体积对 f_T 的变化尽可能不敏感；③ 在 $f_T \to \infty$ 时，腔位于稳定区内，稳定性参数 $\frac{1}{2}(A+D) \approx \pm 0.5$，以保证激光器的稳定性;④ 总的腔长不宜过长,否则衍射损耗和失准直灵敏度都会增大。

根据以上的谐振腔设计原则,我们采用了平凹腔的结构。取 $R_1 = \infty$,$R_2 = 100$ mm,$l_1 = 5$ mm,$l_2 = 10$ mm。谐振腔稳定性参数随热透镜焦距的变化如图 2-12 所示,增益介质中心激光光斑半径随热透镜焦距的变化如图 2-13 所示。

从图 2-12 中可以看出,f_T 有很宽的变化范围,当 $f_T > 100$ mm 时,$\frac{1}{2}(A+D) \approx 0.5$,稳定性较好。此时,除了稳定区边界处,腔内腰斑半径的变化很小,在连续运转 Tm:YAG 实验中使用此种结构的平凹腔。

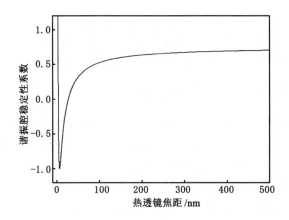

图 2-12　谐振腔的稳定性参数随热透镜焦距变化曲线

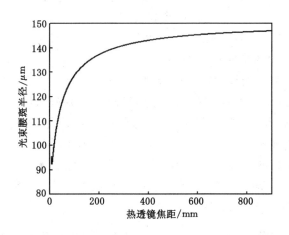

图 2-13　增益介质中心激光光斑半径随热透镜焦距变化曲线

2.4.2 实验装置描述

图 2-14 是 Tm:YAG 连续运转时的实验装置简图。实验采用半导体激光器端面泵浦 Tm:YAG 透明陶瓷棒。图中的透镜 L_1 和 L_2 为外接的光线耦合系统中的准直聚焦透镜组,成像比例为 1:1,透镜焦距为 50 mm,镀有 800 nm 附近增透膜。M_1 为平面输入镜,镀有对 760~810 nm 泵浦光高透、对 1 900~2 150 nm 激光高反的双色膜;M_2 是平凹输出镜,曲率半径为 100 mm,对振荡光的透过率为 5%,谐振腔总长度为 25 mm。

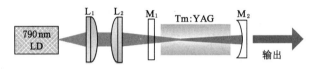

图 2-14 Tm:YAG 连续运转时的实验装置简图

本实验采用 LIMO 公司生产的光纤耦合输出的半导体激光器作为泵浦源,光纤芯径为 200 μm,数值孔径为 0.22,使用 TEC 制冷平台,默认工作温度为 25 ℃。LD 的阈值电流为 10 A,最大工作电流为 50 A,对应的最大输出功率为 40 W,斜率为 0.8 W/A,满负荷运行时的中心波长为 793 nm,光谱带宽为 4 nm。LD 输出激光的波长随着工作温度变化,输出中心波长有 0.3 nm/K 的漂移。在使用时通过调节工作温度可以微调 LD 的输出波长,温度调节范围为 15~30 ℃,温度设置的分辨率为 0.01 ℃,温度稳定度可控制在 ±0.1 ℃ 的范围内。

实验中所用的 Tm:YAG 透明陶瓷的吸收峰在 785.6 nm。经过多次测试得出,在低温 15 ℃ 时,Tm:YAG 陶瓷激光器获得了最高的激光输出。此时激光波长特性与工作电流的对应关系如图 2-15 所示,对应的输出功率如图 2-16 所示。随着工作电流的增加,激光中心波长从 784.5 nm 增长到 790.3 nm。当电流值上升到 20 A 时,对应的中心波长为 785.8 nm,恰好对应 Tm:YAG 的吸收峰,此时 LD 的输出功率为 10 W。当电流值增加到最大 50 A 时,功率为 39.7 W。在以下的激光实验中,LD 的工作温度均设置在 15 ℃。图 2-15 也给出了工作温度为 17 ℃ 时的激光波长特性,在阈值附近(输出≪2 W)处的波长中心785.5 nm,接近于 Tm:YAG 陶瓷的吸收峰,在此工作温度下测量 Tm:YAG 透明陶瓷样品的小信号吸收效率。

瑞利长度定义为 $Z_R = \dfrac{\pi n w_p^2}{\lambda_p M^2}$,其中 w_p 为泵浦光的束腰半径;λ_p 为泵浦波长;M^2 为泵浦光的光束质量因子。$2Z_R$ 为高斯光束的准直距离,在瑞利长度范围内,光束可近似为平行光,这种均匀分布有利于泵浦光与激光的模式匹配。泵浦

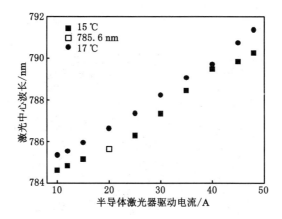

图 2-15　LD 的输出波长随驱动电流的变化关系

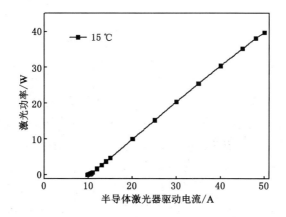

图 2-16　LD 的输出功率随驱动电流的变化关系

光斑和振荡光斑的模式匹配程度对激光器的输出效率有明显的影响。通常,为了最大限度地利用泵浦光,提高泵浦效率,保证激光器的高效运转,要使增益介质都处于瑞利长度范围内,故本实验中使用长度为 4~6 mm 激光陶瓷样品。

图 2-17 是镜面抛光后的 Tm:YAG 透明陶瓷样品。实验中所用的 Tm:YAG 陶瓷样品的 Tm^{3+} 掺杂浓度分别为 4 at.%,6 at.%,8 at.%,10 at.%,所对应的长度分别是 6 mm,6 mm,4 mm,4 mm,4 mm,横截面尺寸为 2 mm× 3 mm。样品两端面均镀泵浦光和激光增透膜。实验过程中,陶瓷样品用 0.1 mm 厚的铟箔包裹固定在紫铜热沉水冷块中,循环水温度控制在 15 ℃以确保有效的热耗散。实验测量了无激光辐射条件下,各陶瓷样品对泵浦光的单程吸收效率,4 at.%,6 at.%,6 mm,6 at.%,4 mm,8 at.% 和 10 at.% 的小信号单程吸

收率分别为 71％,85％,72％,82％ 和 90％。在连续激光振荡条件下,由于基态漂白效应,样品对泵浦光的吸收可以近似视为小信号吸收。

图 2-17　Tm:YAG 透明陶瓷样品

2.4.3　实验结果及分析

（1）陶瓷掺杂浓度和长度对输出特性的影响

实验中首先比较了不同浓度的 Tm:YAG 透明陶瓷的激光性能,输出功率如图 2-18 所示。从图中可以看出,对于相同浓度（6 at.％）的陶瓷,6 mm 长的陶瓷比 4 mm 长陶瓷的阈值低,输出功率也相对较高,在入射的 LD 泵浦功率为 4.65 W 的情况下输出激光功率为 1.14 W,相对于入射泵浦功率的斜效率为 32.8％。对于相同长度不同浓度的陶瓷,随着浓度的升高,输出功率增加,10 at.％掺杂浓度的 Tm:YAG 陶瓷获得了最高的输出功率 1.33 W,相对于入射泵浦功率的斜效率为 36.9％,而较低的浓度因降低了 Tm 的交叉弛豫,斜效率和输出功率都随之下降。

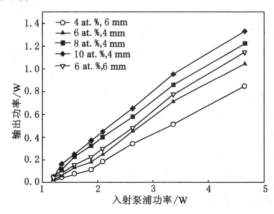

图 2-18　不同浓度的 Tm:YAG 陶瓷样品输入输出功率曲线

　　选择输出功率较高的 6 at.％,8 at.％和 10 at.％三种陶瓷样品优化激光实验,并继续提高 LD 的泵浦功率,所获得的输出功率如图 2-19 所示,掺杂浓度为 6 at.％的陶瓷激光输出特性最优,在泵浦功率增加到 37 W 时,获得了 4.48 W 的输出功率,相对于入射泵浦功率的斜效率为 13％,与低功率时相比,斜效率明显下降。对于 8 at.％的陶瓷,输出功率达到 3.9 W 之后,继续增加泵浦功率到 32 W 时,输出功率不再增长而降低至 3.86 W,此时陶瓷样品仍保持完好;对于 10 at.％的陶瓷,在泵浦功率增加到 32 W 时,陶瓷样品发生断裂。以上的实验结果显示三种样品的输出功率随着泵浦光功率的不断升高都出现了不同程度的饱和,且高浓度的样品发生了断裂。功率曲线的饱和主要是由于泵浦波长偏离吸收峰,泵浦光的总吸收效率减小,同时模式匹配变差,且由于泵浦光功率密度的下降,而导致重吸收效应变强。高浓度(10 at.％)的陶瓷样品因其自身吸收系数较大,高功率的泵浦导致陶瓷样品内部的热密度相对较高,热膨胀应力与固定应力都会使其更易发生机械损伤。

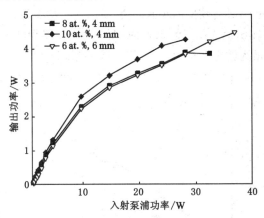

图 2-19　高泵浦功率情况下的 Tm∶YAG 输出功率曲线

　　激光器输出功率下降的另一个重要原因是高功率运转时 Tm∶YAG 陶瓷样品过高的温度,Tm 离子具有准三能级特性,过高的温度会导致激光下能级的粒子数增多,这会增大 2 μm 的重吸收,也会造成激光上能级粒子数减少,能量上转换系数变大,能量上转换效应增强,造成反转粒子数的减少,最终导致激光器效率降低,输出功率下降。同时,增益介质内部的热透镜效应会影响谐振腔的稳定性,影响泵浦光和激光的模式匹配从而影响激光器性能。优化冷却装置,提升散热性能,降低增益介质的温度,激光器的性能可以得到进一步提高,有望获得更高功率的激光输出。

　　(2) 输出镜透过率对输出特性的影响

对于一定的泵浦功率,输出功率会随着输出透过率的增大而增大,但透过率增大的同时又会使激光器的阈值功率增大。定性地说,当输出镜的透过率太小时,谐振腔内振荡光的功率密度太高,引起腔内增益饱和下降,导致输出功率趋向饱和并下降;当透过率太高时,光子只在谐振腔内振荡几次就输出,腔内光子数密度难以积累到足够的值,也会使激光输出功率不高,因此选择合适的输出镜透过率对提高激光器的输出特性非常重要。

实验中采用掺杂浓度为 6 at.％ 6 mm 长的 Tm∶YAG 陶瓷样品,谐振腔仍采用平凹腔结构,分别使用了透过率为 5％、10％和 20％,曲率半径为 100 mm 的输出镜,比较了不同输出镜透过率对激光输出功率的影响,实验结果如图 2-20 所示。由图可知,透过率为 5％、10％和 20％的输出镜耦合镜所对应的 Tm∶YAG 激光器的阈值泵浦功率分别是 1.07 W、1.35 W 和 3.3 W。透过率为 10％的输出镜获得了最高的激光输出,在 9.4 W 的泵浦功率下获得了 2.8 W 的最大输出,相对于入射泵浦功率的斜效率为 38.2％,光-光转换效率为 31.5％。较低的透过率 5％由于谐振腔的总损耗最小,具有较低的泵浦阈值,最高输出功率为 2.49 W,斜效率也稍低,为 32.6％。当输出镜透过率为 20％时,泵浦光功率增加到 3.3 W,激光器才开始振荡产生激光,最大输出功率为 1.71 W,斜效率为 28.6％。

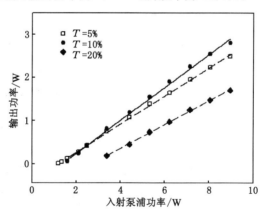

图 2-20　不同输出镜透过率对激光输出功率的影响

在 Tm∶YAG 激光器系统中,在 2 μm 附近有 3 个可能的激光跃迁过程,对应着 3 个不同的激光波长,即 1 881 nm,1 960 nm 和 2 013 nm。在室温下,这 3 种可能的跃迁对应的多重态子能级、发射截面、增益截面有所差异,相应的激光运转的阈值也不同。在其他实验条件不变的情况下,改变输出镜的透过率就改变了谐振腔内的损耗,从而可以通过简单地改变输出镜的透过率来实现激光辐射波长的改变。不同输出镜透过率对应的激光输出光谱由光谱仪(AQ6375,

Yokogawa)测得,在 2 μm 处的分辨率为 0.1 nm。当输出镜的透过率为 5% 和 10% 时,输出波长的中心在 2 013.7 nm 处,该处的光谱线宽为 0.05 nm,FWHM 谱宽为 3.34 nm,如图 2-21 所示。当输出镜透过率为 20% 时,最强的发射中心波长在 1 938.2 nm 处,线宽为 0.07 nm,谱宽为 3.45 nm,如图 2-22 所示。在不同的输出镜透过率下,激光器的发射光谱均不是单纵模输出,而是在一定的波长范围内多个纵模同时振荡,且这些波长对应的光谱能量不固定。这可能是由 Tm:YAG 较宽的发射光谱、陶瓷材料的散射损耗、腔内往返损耗和输出镜的透过损耗共同作用的结果,由于激光器没有采取任何选模措施,因而产生多纵模是正常现象。

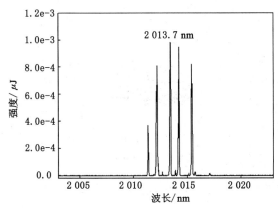

图 2-21　输出镜透过率为 5% 和 10% 时的输出光谱

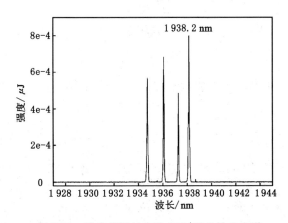

图 2-22　输出镜透过率为 20% 时的输出光谱

（3）激光输出光束质量

输出激光的光束质量由 NanoScan 光束质量分析仪测得,其工作原理如下:

将一个狭窄的狭缝在一个光电探测器前面移动,使之穿过分析的光束。通过狭缝传送到探测器的光在探测器上形成光感应电流。该狭缝作为扫描狭缝光束轮廓分析仪中的物理衰减器,并可设置探测器上的放大增益,以避免大多数光束轮廓分析中的探测器饱和。数字编码器可以精确测量狭缝位置,然后将该光感应电流绘制成狭缝位置的一个函数,以确定光束的线性轮廓。从这个线性轮廓可以确定一些重要的空间信息,比如光束宽度、光束位置、光束质量以及其他特点。

实验中测量了输出镜透过率为 10%、输出激光波长为 2 013 nm、输出功率为 1 W 时的光束质量,如图 2-23 所示,通过二次曲线拟合,得到 x 和 y 方向的光束质量因子 M^2 分别为 1.73 和 1.65,图中是激光横模的 2D/3D 曲线,横模模式是比较规则的圆形,功率密度从中心至边缘平滑下降。

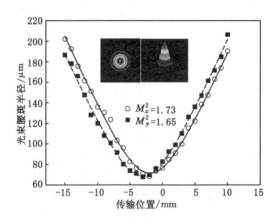

图 2-23　Tm:YAG 激光器的光束质量拟合曲线

2.5　共振泵浦掺铥陶瓷激光器理论分析与实验研究

2.5.1　速率方程的建立

根据 2.1 节提到的 Tm^{3+} 的泵浦和跃迁机制,忽略交叉弛豫现象,建立常温下共振泵浦掺 Tm 激光器的速率方程,Tm 激光器在室温下是准三能级系统。根据 Tm^{3+} 的能级跃迁图 2-1,共振泵浦的速率方程可以写为:

$$\frac{dN_1}{dt} = -\frac{P_{in}}{h\nu_p\pi\omega_0^2 l_{Cr}}(1-\gamma_p)(1+R_{1p}\gamma_p)+c\sigma_1 N_p(f_{el}N_2-f_{al}N_1)+$$
$$N_2 W_{21}+N_3 W_{31}+N_4 W_{41}+C_{up}N_2^2 \tag{2.18}$$

$$\frac{\mathrm{d}N_3}{\mathrm{d}t} = N_4 W_{43} - N_3 (W_{32} + W_{31}) \tag{2.19}$$

$$\frac{\mathrm{d}N_4}{\mathrm{d}t} = C_{\mathrm{up}} N_2^2 - N_4 (W_{43} + W_{42} + W_{41}) \tag{2.20}$$

$$\frac{\mathrm{d}N_{\mathrm{p}}}{\mathrm{d}t} = N_{\mathrm{p}} c \sigma_1 (f_{\mathrm{el}} N_2 - f_{\mathrm{al}} N_1) \frac{l_{\mathrm{Cr}}}{l_{\mathrm{ca}}} - \frac{N_{\mathrm{p}} c}{2 l_{\mathrm{ca}}} \left[\ln \left(\frac{1}{R_{11} R_{21}} \right) + \delta_0 \right] \tag{2.21}$$

$$n_0 = N_1 + N_2 + N_3 + N_3 \tag{2.22}$$

式中，N_1、N_2、N_3、N_4 分别代表 $^3\mathrm{H}_6$、$^3\mathrm{F}_4$、$^3\mathrm{H}_5$、$^3\mathrm{H}_4$ 这四个能级上的粒子数；c 为光在真空中的速度；h 为普朗克常量；n_0 是掺杂的浓度；$W_{ij}(i, j = 1, 2, 3, 4)$ 代表能级 N_i 的粒子向能级 N_j 跃迁的概率，速率方程中有关受激跃迁概率的具体数值已列在表 2-3 中；f_{ap}、f_{ep} 分别代表泵浦光下能级和泵浦光上能级玻耳兹曼布居数；f_{al}、f_{el} 分别代表激光下能级、上能级玻耳兹曼布居数；σ_{p}、σ_{l} 分别是 Tm^{3+} 离子在抽运光和激光波长处的截面积；R_{11}、R_{21} 分别是 R_1，R_2 对激光波长的反射率；$R_{1\mathrm{p}}$ 是 R_1 对泵浦光波长的反射率；l_{Cr} 是激光增益介质的长度；ν_{p} 为泵浦光的频率；C_{up} 是上转换系数；P_{in} 是泵浦光入射功率；δ_0 为谐振腔的本征损耗率；$\gamma_{\mathrm{p}} = -\sigma_{\mathrm{p}} l_{\mathrm{Cr}} (f_{\mathrm{ap}} N_1 - f_{\mathrm{ep}} N_2)$ 是激光增益介质对抽运光的单程吸收率。

对于式(2.18)至式(2.21)的激光速率方程，通常它的解析解是不易被求得的，需要对某些参数进行近似，才能求得解析解。若仅考虑激光器达到稳态后的情况，则此时各能级的粒子数密度以及腔内光子数密度均达到动态平衡，即不随时间改变。这样可将式(2.18)至式(2.21)变为：

$$0 = -\frac{P_{\mathrm{in}}}{h \nu_{\mathrm{p}} \pi \omega_0^2 l_{\mathrm{Cr}}} (1 - \gamma_{\mathrm{p}})(1 + R_{1\mathrm{p}} \gamma_{\mathrm{p}}) + c \sigma_1 N_{\mathrm{p}} (f_{\mathrm{el}} N_2 - f_{\mathrm{al}} N_1) +$$
$$N_2 W_{21} + N_3 W_{31} + N_4 W_{41} + C_{\mathrm{up}} N_2^2 \tag{2.23}$$

$$\frac{\mathrm{d}N_2}{\mathrm{d}t} = \frac{\mathrm{d}N_4}{\mathrm{d}t} = \frac{\mathrm{d}N_{\mathrm{p}}}{\mathrm{d}t} = 0 \tag{2.24}$$

在阈值条件下，$N_{\mathrm{p}} = 0$，经过推导可得抽运光功率的阈值为：

$$P_{\mathrm{in}}^{\mathrm{th}} = \frac{h \nu_{\mathrm{p}} \pi \omega_0^2 l_{\mathrm{Cr}}}{(1 - \gamma_{\mathrm{p}})(1 + R_{1\mathrm{p}} \gamma_{\mathrm{p}})} (N_2 W_{21} + N_3 W_{31} + N_4 W_{41} + C_{\mathrm{up}} N_2^2) \tag{2.25}$$

上式揭示了阈值与相关参数的关系，可以看出，当 Tm^{3+} 掺杂浓度越高，输出镜的反射率越小，则阈值越大；激光上能级寿命越长，则自发辐射速率越小，故阈值也随之越小。

2.5.2　速率方程的数值模拟解及分析

根据表 2-3 和表 2-4 用 Matlab 编程，对上一节所列出的速率方程进行数值模拟计算，以观察影响激光输出的因素。

表 2-3		部分能级间的受激跃迁概率	s^{-1}
参数	值	参数	值
W_{21}	110	W_{31}	299
W_{32}	5	W_{41}	578
W_{42}	80	W_{43}	31

表 2-4		模拟中各参数的取值	
参数	值	参数	值
n_0	4×10^{26} m^{-3}	ω_0	1.47×10^{-7} m
λ_p	1 617 nm	λ_l	2 015 nm
f_{ap}	0.298 5	f_{ep}	0.020 9
f_{al}	0.015 8	f_{el}	0.485 6
σ_p	1.5×10^{-24} m^2	σ_l	2.3×10^{-24} m^2
R_{1l}	0.8	R_{2l}	0.998
R_{1p}	0.997	C_{up}	3×10^{-24} cm^3/s
l_{ca}	10 cm	l_{Cr}	1.45 cm
P_{in}	5 W	δ_0	0.014

(1) 输出镜 M_1 的反射率对激光输出的影响

首先由图 2-24 得到当输出镜 M_1 的反射率过低时,谐振腔的输出损耗将很大,腔内光子数密度很难积累到足够的值,因此难以获得较高的激光输出功率。当输出镜的反射率过高时,虽然提高了腔内光子数密度,但激光能量被限制在谐振腔内,同样难以实现高功率输出。因此,要想获得较高的输出功率,就需要对 M_1 的反射率取值进行合理的优化设计。

对 M_1 镜的反射率选取了从 0.6 到 1 之间的 11 个值,利用 Matlab 进行数值模拟计算,得到了如图 2-24 和图 2-25 所示的结果。可见,激光的输出功率和斜效率随着 M_1 的反射率的变化表现出很相似的规律。若 M_1 的反射率在小于 0.6 或接近 1 的范围内,激光输出功率和斜效率都非常低,甚至激光器不能起振,而当 M_1 的反射率取 0.85 附近的时候,激光输出功率和斜效率都达到最大值,因此在当前条件下,0.85 是 M_1 的反射率的最优取值。

(2) 温度对激光输出的影响

在固体激光器中温度对激光输出特性的影响主要包括热透镜效应、斯塔克子能级的玻耳兹曼布居数的变化等。热透镜效应是指激光工作物质由于受热发生

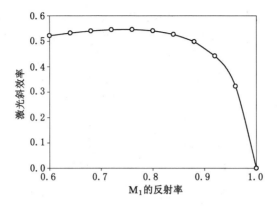

图 2-24　M_1 的反射率对激光斜效率的影响

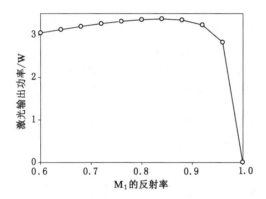

图 2-25　M_1 的反射率对激光输出功率的影响

变形,中心膨胀,而外表面有冷却水几乎没有膨胀,结果造成了介质各部分热不均匀,激光束通过热不均匀介质发生不同程度折射,与通过透镜有相似的情况。热透镜效应是种种热效应中对激光谐振腔的稳定性和输出光束质量影响最大的因素之一。热透镜的焦距 f 是显示热透镜程度的参数,激光介质中的热畸变越严重,则热透镜焦距 f 的绝对值越小,热透镜效应产生的影响越明显。稳定的谐振腔的构成是 $0 < g_1 g_2 < 1$。将激光介质近似看作焦距为 f 的球面透镜,则 g 参数可表示为:

$$g_1 = 1 - l_2/f - L_0/r_1 \tag{2.26}$$

$$g_2 = 1 - l_1/f - L_0/r_2 \tag{2.27}$$

式中,l_1、l_2 分别代表腔镜 M_1、M_2 到激光介质中心的距离;r_1、r_2 为腔镜 M_1、M_2 的曲率半径;L_0 是谐振腔的光学长度。由上式看出,g_1、g_2 是热透镜焦距 f 的函数,而 $0 < g_1 g_2 < 1$ 是谐振腔稳定的条件,热透镜焦距 f 的变化会引起 $g_1 g_2$ 相应的改变,那么就会使泵浦光斑和激光光斑的模式匹配不理想,进而影响谐振腔的

稳定性和激光输出功率。腔长越长,谐振腔越不稳定,热透镜效应也就越明显。

固体激光器在高功率运转的条件下,由于增益介质内部的温度梯度分布产生的热透镜占据着主导地位,热透镜效应产生的畸变将会导致其输出功率的不稳定性以及会出现多种模式竞争,同时它也限制了激光功率的增大,严重影响固体激光器的性能。例如出现我们常见到的光斑分叉、分瓣、变成三五个甚至一个大虫子状的情况。

温度对激光性能的另一个影响主要是来自激光上能级和激光下能级玻耳兹曼布居数的变化。玻耳兹曼布居数随温度变化的关系可表达为:

$$f_U = \exp\left(-\frac{E_{41}}{k_B T}\right) / \sum_{i=0}^{9} \exp\left(-\frac{E_{4i}}{k_B T}\right) \qquad (2.28)$$

$$f_L = \exp\left(-\frac{E_{17}}{k_B T}\right) / \sum_{j=0}^{10} \exp\left(-\frac{E_{1j}}{k_B T}\right) \qquad (2.29)$$

式中,E_{4i}指处于激发态的第 i 斯塔克子能级的能量;E_{1j} 是指处于基态的第 j 斯塔克子能级的能量;T 是相应的温度;k_B 为玻耳兹曼常数。

图 2-26 是温度对激光斜效率的影响。选取了 $300 \sim 500$ K 的温度进行计算。从图中发现随着温度的升高斜效率急剧下降,温度每升高 200 K,斜效率下降大约 10%,激光阈值也会相应地提高。

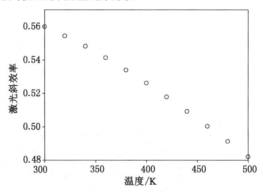

图 2-26　温度对激光斜效率的影响

综上所述,温度是影响激光谐振腔的稳定和光束质量的重要因素。因此为了保证激光器的输出质量和效率,必须采用一定的冷却手段维持激光器工作在适当的温度范围内。

2.5.3　共振泵浦掺铥陶瓷激光器实验研究

本节采用掺铒固体激光(Er：LuYAG、Er：YAG 陶瓷)作为共振泵浦源,

泵浦 Tm∶YAG 透明陶瓷样品,为使激光系统高效运转,掺铒激光器及其泵浦的
Tm∶YAG 激光器均采用平行平面腔结构。

　　Er∶LuYAG 激光共振泵浦 Tm∶YAG 激光器的实验装置如图 2-27 所示,输
入镜对 1.6~1.7 μm 的泵浦光高透,对 2 μm 激光高反,输出镜对激光的透过率
为 5%,对泵浦光高反,谐振腔腔长为 20 mm。Er∶LuYAG 激光器发出的激光经
过一对焦距为 100 mm 的透镜组先准直再聚焦到 Tm∶YAG 上,陶瓷中心的光
斑半径约为 150 μm,泵浦光共焦参数($2\pi n w_p / \lambda M^2$)约为 70 mm。实验中所用
Tm∶YAG 透明陶瓷的掺杂浓度为 6 at.%,横截面为 2 mm×3.5 mm,长度为
14.5 mm,陶瓷样品用铟箔包裹固定在铜热沉块上,循环水温度控制在 15 ℃以
确保有效的热耗散。

图 2-27　Er∶LuYAG 激光共振泵浦 Tm∶YAG 激光器的实验装置图

　　实验测量了无激光辐射条件下,Tm∶YAG 透明陶瓷对 Er∶LuYAG 输出的
1 626 nm 和 1 648 nm 激光的单程吸收效率,如图 2-28 所示。在低泵浦功率下,
Tm∶YAG 陶瓷对 1 626 nm 和 1 648 nm 激光的单程吸收为 90% 和 47%,随着
泵浦功率的增加,吸收效率逐渐下降至 83% 和 42%。由于谐振腔的输出镜对泵
浦光高反射,因而泵浦光经过增益介质后,被输出镜反射回来再次通过介质,提
高了整体的吸收效率。

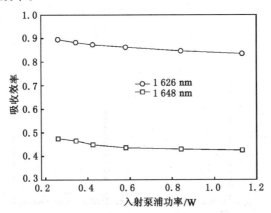

图 2-28　Tm∶YAG 陶瓷对 Er∶LuYAG 激光的单程吸收效率

在两种不同的泵浦波长下,Tm:YAG 透明陶瓷激光器的输出功率随入射泵浦功率的变化关系如图 2-29 所示。1 626 nm 的泵浦波长应处于 Tm:YAG 的吸收峰,增益更大,较早达到激光振荡阈值,阈值泵浦功率为 0.8 W,当入射泵浦功率为 2.18 W 时,最大输出功率为 0.62 W,相对于入射泵浦功率的斜效率为 47.7%;对于 1 648 nm 的泵浦波长,激光阈值为 1 W,在最大入射功率为 3.23 W 时,输出功率为 0.77 W,斜效率为 34.3%。输出功率相对于入射泵浦功率均呈线性增长,通过提高泵浦功率可以进一步提高激光输出功率。实验中使用单色仪(Omni-λ5005,Zolix)测量不同泵浦条件下 Tm:YAG 激光器的输出光谱。当入射功率为一定时,中心波长均位于 2 015 nm,如图 2-30 所示。从实验结果可以看出,与传统的 790 nm 的 LD 泵浦相比,共振泵浦方式下的激光振荡阈值更低,效率更高,这是由于泵浦光与激光的波长非常接近,量子效率较高。

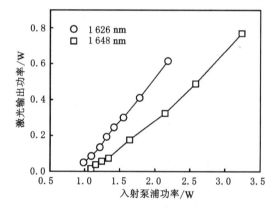

图 2-29 共振泵浦 Tm:YAG 透明陶瓷激光器的输入输出曲线

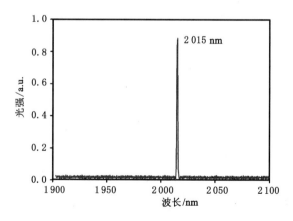

图 2-30 Tm:YAG 陶瓷激光器输出光谱

　　采用低掺杂浓度，长度合适的 Tm：YAG 透明陶瓷使其对于 Er：LuYAG 在低输出镜透过率情况下的发射波长 1 648 nm 处的吸收效率为 10% 左右，设计激光腔镜的镀膜膜系，即可实现腔内泵浦，以 1 532 nm 的 Er，Yb 光纤激光器作为前端的泵浦源，最终直接产生 2 μm 激光，使激光系统趋于简单化、小型化。此外，主动调 Q 的 Er：LuYAG 激光器还可以作为 Tm：YAG 增益开关激光器的脉冲泵浦源。为使转换效率更高，可在 Er 的激光系统中插入标准具，使中心波长在 1 626 nm 处的脉冲激光。

　　图 2-31 给出完整的从光纤激光器泵浦 Er：YAG 陶瓷激光到 Tm：YAG 激光谐振腔的实验装置图，其中 Er：YAG 陶瓷激光器作为泵浦源能提供最大 13 W 的 1 617 nm 激光输出，带宽（FWHM）<0.5 nm。Tm：YAG 陶瓷掺杂浓度为 6 at.%，样品横截面为 2 mm×4 mm，长度为 20.5 mm。两端镀有对 1 617 nm 和 2 015 nm 均高透的薄膜。增益介质用铟箔包裹并置于水冷的铜热沉里面以便能有效地移除热量，水冷里面的循环水温控制在 15 ℃。由于 Tm^{3+} 的准三能级特性，陶瓷的温度对激光的性能影响较大，所以对 Tm：YAG 增益介质进行有效的热处理非常有必要，以提高激光功率和效率。Tm：YAG 激光谐振腔由简单的两镜腔组成，输入镜在泵浦光波段高透（>96%），在 1 800～2 100 nm 高反（>99%），输出镜为平面镜，对泵浦光高反（>97%）。谐振腔的物理长度为 20 mm，可以计算出晶体里面 TEM_{00} 模的半径为 147 μm。1 617 nm 泵浦光在进入 Tm：YAG 激光谐振腔之前经过一对焦距为 100 mm 的平凸镜准直聚焦到 Tm：YAG 陶瓷，光斑半径为 150 μm，焦深为 79 mm，远大于谐振腔的长度 20 mm。

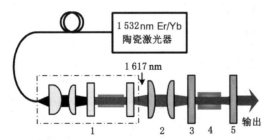

图 2-31　Tm：YAG 激光器的完整实验装置图

1——1 617 nm 的 Er：YAG 陶瓷激光器；2——准直聚焦透镜对；
3——输入耦合镜；4——Tm：YAG 陶瓷；5——输出耦合镜

　　撤掉谐振腔的输出耦合镜，我们测得 Tm：YAG 晶体对 1 617 nm 泵浦光的单程吸收效率，在低泵浦功率下，单程吸收效率为 94%，如图 2-32 所示。由于是在低泵浦功率的条件下，此时增益介质中 Tm^{3+} 的基态漂白可忽略。Tm：YAG

激光阈值相对较低,故连续激光振荡时的泵浦吸收可以近似等于测得的小信号下单程吸收。

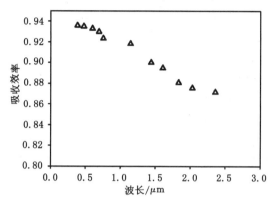

图 2-32　Tm：YAG 陶瓷对 1 617 nm 激光的单程吸收效率

改变输出耦合镜对激光的透过率,可以测得多组 2 μm 激光输出与入射的泵浦光之间的关系曲线,如图 2-33 所示。从图中可以很明显地看出当输出镜透过率为 10% 时,有最大激光功率和斜效率。Tm：YAG 激光在入射泵浦功率为 0.85 W 时达到阈值,且泵浦光为 10.6 W 时达到最大连续输出功率 5.6 W,对应斜效率和光-光转换效率分别为 60.2% 和 52.7%。激光光束近似衍射极限,其 M^2 因子测得为 1.3。

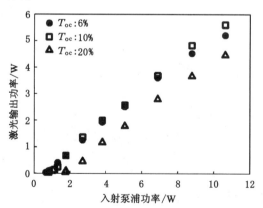

图 2-33　Tm：YAG 陶瓷激光器的输入输出曲线图

值得注意的是,图 2-33 中输出功率随入射的泵浦功率关系曲线的线性度保持得很好,这表明只要简单地增加泵浦光功率就能进一步提高输出激光功率。当输出镜透过率为 20%、入射泵浦功率为 1.74 W 时,Tm：YAG 激光达到阈值,对应的斜效率和最大输出功率分别为 50.7％和 4.46 W。斜效率的降低是由于此时上转换效应变得严重（$^3F_4 \rightarrow {}^3H_5$，$^3F_4 \rightarrow {}^3H_4$），高输出耦合损耗导致高的激光阈值,使得 $^3F_4$ 能级的粒子数密度增加,因此能量上转换变得严重,从而降低激光性能。能量上转换低重复频率 Q 开关激光运转机制下更能反映出来,这是因为 Q 开关激光运转具有很高的反转粒子数密度。采用 0.55 m 长在 435.8 nm 波长下标定分辨率为 0.05 nm 的单色仪（Omni-λ5005，Zolix）测量激光光谱,激光中心波长为 2 015 nm,光谱带宽（FWHM）为 0.5 nm。

参考文献

[1] 宋平新,赵志伟,徐晓东,等. Tm：YAG 晶体的生长及吸收特性[J]. 人工晶体学报,2004,33(3)：376-379.

[2] FAORO R,KADANKOV M,PARISI D,et al. Passively Q-switched Tm：YLF laser[J]. Optics letters,2012,37(9)：1517-1519.

[3] REYNAUD M, LUISELLI N, GHEORGHE L, et al. Spectroscopic properties and gain cross section of Er,Yb doped Y_2O_3 transparent ceramic for eye-safe laser[C] // Conference on Lasers and Electro-Optics, The Optical Society of America,2009：JTuD6.

[4] EICHHORN M. Quasi-three-level solid-state lasers in the near and mid infrared based on trivalent rare earth ions[J]. Applied physics B,2008,93 (2-3)：269-316.

[5] BURYY O A,SUGAK D Y,UBIZSKII S B,et al. The comparative analysis and optimization of the free-running Tm^{3+}：YAP and Tm^{3+}：YAG microlasers[J]. Applied physics B,2007,88(3)：433-442.

[6] JACKSON S D,KING T A. Theoretical modeling of Tm-doped silica fiber lasers[J]. Journal of lightwave technology,1999,17(5)：948-956.

[7] RUSTAD G, STENERSEN K. Modeling of laser-pumped Tm and Ho lasers accounting for upconversion and ground-state depletion[J]. IEEE journal of quantum electronics,1996,32(9)：1645-1656.

[8] INNOCENZI M E,YURA H T,FINCHER C L,et al. Thermal modeling of continuous-wave end-pumped solid-state lasers[J]. Applied physics letters, 1990,56(19)：1831-1833.

第3章　调 Q 运转 Tm:YAG 透明陶瓷激光器

高脉冲能量的 2 μm 人眼安全激光在遥感探测、光电对抗、医学诊断和治疗等很多方面具有非常重要的应用价值,而 Tm:YAG 透明陶瓷是发展这种波段非常有吸引力的新型激光材料。调 Q 技术是产生高峰值功率、窄脉宽激光脉冲最有效手段,是激光技术发展史上的一个重要突破。调 Q 技术一般分为主动调 Q 和被动调 Q 技术。主动调 Q 对谐振腔的损耗进行外部控制,需要电源驱动器和相应的散热装置,被动调 Q 是利用可饱和吸收介质的非线性吸收特性,将其置于谐振腔内来控制腔内的吸收损耗。两种调 Q 技术都有其各自的优缺点及使用条件。本章为获得窄脉宽、高峰值功率的 2 μm Tm:YAG 激光脉冲,将被动调 Q 和声光主动调 Q 技术分别应用到 LD 端面泵浦的 Tm:YAG 透明陶瓷激光器中,并将两者结合实现输出脉冲性能更优化的双调 Q 运转。

本章首先以 Cr^{2+}:ZnSe 晶体作为可饱和吸收体,对被动调 Q Tm:YAG 激光器进行了理论分析,明确了模式匹配、输出镜透过率、调 Q 晶体的初始透过率等参数对被动调 Q 脉冲激光器输出特性的影响。接着以 Cr:ZnSe 晶体作为可饱和吸收体,对 Tm:YAG 陶瓷激光器的被动调 Q 性能进行了详细的实验研究。对于声光调 Q 运转,获得了 Tm:YAG 陶瓷在高功率泵浦条件下的脉冲输出特性,包括脉宽、单脉冲能量、峰值功率等参数。最后,实验验证了主被动双调 Q 技术在 Tm:YAG 激光器中的可行性,相对于单纯的主动和被动调 Q,输出脉宽变窄。

3.1　Cr:ZnSe 被动调 Q 理论分析

可饱和吸收体是被动调 Q 激光器的关键器件,它要求非线性材料对激光波长具有强烈的可饱和吸收特性,同时要有适当的饱和光强值等。有机染料是最早出现的可饱和吸收体[1-2],它在红宝石激光器、Nd:YAG 及 Nd 玻璃激光器中展现了优越的性能,但染料溶液的保存期短、稳定性差、有毒等缺点限制了它在调 Q 激光器中的应用。随着新材料技术的发展,掺杂过渡金属或稀土离子的晶体也可作为可饱和吸收体,例如掺杂过渡金属元素 Cr^{4+} 的 YAG 晶体可以作为 1 μm 的 Yb 或 Nd 激光器的可饱和吸收体[3-4],掺杂 Cr^{2+}、Co^{2+} 的 II-VI 族半导体材料的 ZnSe、ZnS 晶体,在 1.5~2 μm 有较宽的吸收带[5-7]。Cr^{2+}:ZnSe/ZnS 晶体具有能级结构简单、吸收截面大、工作带宽宽、损伤阈值高等优点,是 2 μm 波段常用的可饱和吸收体。

3.1.1 Cr^{2+}:ZnSe 饱和吸收体性质

铬原子的电子组态为 $3d^5 4s^1$,当铬原子掺入 II-VI 族半导体材料 ZnSe、ZnS 中,铬原子会占据晶格中 Zn 原子的位置,原子以四面体对称晶体场形式排列成六方或者立方晶格,为各相同性介质。低的晶体场分裂能,使其吸收谱和发射谱向中红外频移。^{5}D 和 ^{3}H 是 Cr^{2+} 的基态和第一激发态,在晶体场作用下,^{5}D 分裂成 $^5T_2$ 和 ^{5}E 两个能级。由于激光上能级 ^{5}E 处于半导体材料的禁带中,所以任何向更高能级的跃迁都是自旋禁止的或非常弱,因此其上转换和激发态吸收可以忽略。基态能级 $^5T_2$ 和激光上能级 ^{5}E 之间的跃迁过程(吸收和辐射)提供了 1.5～2.1 μm 的吸收带和 1.8～3.1 μm 的发射谱带。Cr:ZnSe/ZnS 晶体在室温下吸收光谱和发射光谱见图 3-1[8]。图 3-2 是其上能级荧光寿命随温度的变化关系,可以看出在低温时两者的能级寿命非常接近,室温下 Cr:ZnSe 和 Cr:ZnS 的荧光量子产率分别是 1.0 和 0.8。

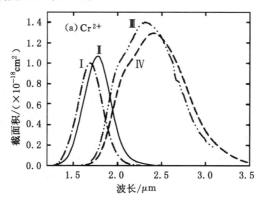

图 3-1 掺 Cr^{2+} 晶体的吸收(I——ZnS,II——ZnSe)和发射光谱(III——ZnS,IV——ZnSe)

Cr:ZnSe/ZnS 晶体具有超宽吸收带、高的发射截面、可以忽略的激发态吸收、很大的热导率等优点,是非常优良的宽带可调谐中红外激光介质[8],其峰值吸收截面比 Tm^{3+}、Ho^{3+}、Er^{3+} 等稀土离子的辐射截面大两个数量级,又可作为 1.6～2 μm 波段的可饱和吸收体[9-10]。Cr:ZnSe/ZnS 晶体的光谱特性参数见表 3-1[8],从表中可以看出,Cr:ZnSe 在 2 μm 附近的吸收截面数倍于 Cr:ZnS,具有更小的饱和能流密度($E_s = h\nu/\sigma_a$),从而降低调 Q 激光器中腔内元件的易损伤程度。

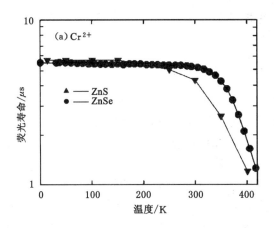

图 3-2　掺 Cr^{2+} 晶体的荧光寿命随温度的变化关系[8]

表 3-1　　　　　　　Cr:ZnSe/ZnS 晶体的光谱特征参数[8]

物理量/单位	Cr:ZnS	Cr:ZnSe
$\lambda_{abs}/\mu m$	1.69	1.77
$\sigma_{abs}/10^{-18}\ cm^2$	1.0	1.1
$\Delta\lambda_{abs}/\mu m$	0.32	0.35
2.015 μm 处的 $\sigma_{abs}/10^{-18}\ cm^2$	0.08	0.29
$\lambda_{em}/\mu m$	2.35	2.45
$\sigma_{em}/10^{-18}\ cm^2$	1.4	1.3
$\Delta\lambda_{em}/\mu m$	0.82	0.86
$\tau_{rad}/\mu s$	5.7	5.5
$\tau_{RT}/\mu s$	4.3	5.4
$\Phi_{sat}/(J/cm^2)$	1.1	0.4

　　目前采用的 ZnSe 的生长方法主要有:化学浴沉积法,化学气相沉积法,分子束外延生长法,物理气相沉积法,光化学沉积法等。随着高质量 Cr:ZnSe 多晶透明陶瓷的出现,Cr:ZnSe 必将引起人们更大的研究兴趣,截至目前 Cr:ZnSe 激光器已经成功实现了连续、调 Q、锁模以及波长范围在 $2.3\sim2.7\ \mu m$ 宽带可调谐输出[11]。

　　2001 年,T. Y. Tsai 等利用 Cr:ZnSe 作为可饱和吸收体研究了 Tm:YAG 晶体的被动调 Q 特性,得到了约 3.2 mJ 的脉冲能量,脉宽为 90 ns[6]。2002 年,L. E. Batay 等采用初始透过率为 92% 的 Cr:ZnSe 实现了 $Tm:KY(WO_4)_2$ 晶体

的被动调 Q,得到了 116 mW 的平均功率,单脉冲能量为 7 μJ[12]。2012 年,德国一课题组利用 Cr:ZnSe 做饱和吸收体实现了被动调 Q 的 Tm:YLF 激光器[13],饱和吸收体的初始透过率为 85% 时,单脉冲能量为 900 μJ,脉宽为 14 ns,相应的峰值功率为 65 kW。以上报道的都是基于掺 Tm 单晶激光器的调 Q 脉冲激光性能。

3.1.2　Cr²⁺:ZnSe 被动调 Q 机理

对于自由运转激光器,激光上能级最大粒子反转数受到激光振荡阈值的限制而不能大量积累,要使上能级积累大量的粒子,可以通过改变激光器的振荡阈值来实现,这就是调 Q。Q 品质因数是用来衡量谐振腔损耗的参数,定义为:

$$Q = 2\pi\nu_0 \left(\frac{\text{腔内存储的能量}}{\text{每秒损耗的能量}} \right) = \frac{2\pi nL}{\delta\lambda_0} \qquad (3.1)$$

式中,ν_0 为激光的中心频率;δ 为光在腔内传播单次能量的损耗率;λ_0 为激光中心波长;n 为介质的折射率。Q 值低,则腔损耗大,器件阈值高,不容易形成激光振荡;反之,Q 值高,则腔损耗小,器件阈值低,容易形成激光振荡。调 Q 技术就是通过某种方法使腔的 Q 值随时间按一定规律变化的技术,可将激光脉宽压缩至纳秒量级,峰值功率千瓦以上。

Cr:ZnSe 的被动调 Q 过程如下:在激光器开始泵浦初期,激光介质粒子数几乎全部位于基态,腔内自发的荧光光强较弱,Cr:ZnSe 的吸收系数较大,对光的透过率很低,谐振腔处于高损耗低 Q 值状态,不能形成激光振荡,工作物质处于储能阶段。在泵浦光的持续激励下,激光介质上能级粒子数逐渐积累,腔内的荧光强度逐渐增强,当其能与 Cr:ZnSe 晶体的饱和光强相比拟的时候,Cr:ZnSe 的吸收系数变小,对光的透过率逐渐增大。增大到一定值时,Cr:ZnSe 的吸收达到饱和,晶体突然被"漂白"而对腔内激光变得透明,此时腔内损耗下降,Q 值激增,上能级粒子发生雪崩式的跃迁,反转粒子数迅速被消耗,激光振荡形成并输出巨脉冲。随后腔内光场迅速减弱,Cr:ZnSe 晶体重新变得不透明,Q 开关关闭,反转粒子数重新积累,进入下一个调 Q 周期。

3.1.3　被动调 Q 速率方程

本节利用速率方程理论分析调 Q 激光器运转的普遍规律。按照文献[14]的方法,考虑腔内光场、增益介质反转粒子数密度、饱和吸收体的基态和激发态粒子数密度呈高斯分布。腔内基模 TEM$_{00}$ 光子数密度 $\varphi(r,t)$ 可以写成:

$$\varphi(r,t) = \varphi(0,t)\exp\left(-\frac{2r^2}{w_L^2}\right) \qquad (3.2)$$

式中,r 为空间某点到光轴的距离;w_L 为激光的光斑半径,由谐振腔结构决定;$\varphi(0,t)$ 为光轴上光子数密度。

考虑到调 Q 脉冲持续的时间为纳秒量级,可以忽略调 Q 脉冲形成过程中的泵浦项、自发辐射项和饱和吸收体的基态恢复项。因此,速率方程可写成:

$$\int_0^\infty \frac{\mathrm{d}\varphi(r,t)}{\mathrm{d}t} 2\pi r \mathrm{d}r = \int_0^\infty \frac{\varphi(r,t)}{t_r} \{ 2\sigma n(r,t) l - 2\sigma_g n_g(r,t) l_s - $$

$$2\sigma_e [n_{s0} - n_g(r,t)] l_s - \ln(1/R) - L \} 2\pi r \mathrm{d}r \quad (3.3)$$

$$\frac{\mathrm{d}n(r,t)}{\mathrm{d}t} = -\gamma\sigma c \varphi(r,t) n(r,t) \quad (3.4)$$

$$\frac{\mathrm{d}n_g(r,t)}{\mathrm{d}t} = -\frac{S_g}{S_s} \sigma_g c \varphi(r,t) n_g(r,t) \quad (3.5)$$

式中,$n(r,t)$ 为增益介质反转粒子数密度;σ、l、γ、S_g 分别为激光增益介质的发射截面、长度、反转衰减因子和激光在增益介质处的光斑面积;σ_g、σ_e、l_s、S_s 分别为可饱和吸收体的基态、激发态的吸收截面、长度和激光在饱和吸收体处的光斑面积;n_g、n_{s0} 分别为可饱和吸收体的基态和总粒子数密度;$t_r = 2l'/c$ 是光子在光学长度为 l' 的腔内往返一周所用时间;c 为真空光速;R 为输出镜的反射率;L 为腔内的其他损耗。

初始光子数密度来源于自发辐射,很小,且可饱和吸收体的基态恢复时间远小于两个脉冲间隔,可以认为在下一个脉冲来临之前,可饱和吸收体可以从漂白状态中完全恢复,因而方程组(3.3)~(3.5)的初始条件满足:

$$\varphi(r,0) = 10^{-4} \varphi_m(r,t) \quad (3.6)$$

$$n_g(r,0) = n_{s0} \quad (3.7)$$

$$n(r,0) = n(0,0) \exp\left(-\frac{2r^2}{w_p^2} \right) \quad (3.8)$$

式中,w_p 是泵浦激光的光斑半径;$n(0,0)$ 是光轴上的初始反转粒子数密度。

将式(3.2)、式(3.7)和式(3.8)代入式(3.4)和式(3.5)中并积分得:

$$n(r,t) = n(0,0) \exp\left(-\frac{2r^2}{w_p^2} \right) \exp\left[-\gamma\sigma c \exp\left(-\frac{2r^2}{w_L^2} \right) \int_0^t \varphi(0,t) \mathrm{d}t \right] \quad (3.9)$$

$$n_g(r,t) = n_{s0} \exp\left[-\frac{S_g}{S_s} \sigma_g c \exp\left(-\frac{2r^2}{w_L^2} \right) \int_0^t \varphi(0,t) \mathrm{d}t \right] \quad (3.10)$$

将式(3.2)、式(3.9)和式(3.10)代入式(3.3)中得:

$$\frac{\mathrm{d}\varphi(0,t)}{\mathrm{d}t} = \frac{4\sigma \ln(0,0) \varphi(0,t)}{w_L^2 t_r} \int_0^\infty \exp\left[-\gamma\sigma c \exp\left(-\frac{2r^2}{w_L^2} \right) \int_0^t \varphi(0,t) \mathrm{d}t \right] \times$$

$$\exp\left[-2r^2 \left(\frac{1}{w_p^2} + \frac{1}{w_L^2} \right) \right] 2r \mathrm{d}r -$$

$$\frac{4(\sigma_g - \sigma_e)l_s n_{s0}\varphi(0,t)}{w_L^2 t_r}\int_0^\infty \exp\left[-\frac{S_g}{S_s}\sigma_g c\exp\left(-\frac{2r^2}{w_L^2}\right)\int_0^t \varphi(0,t)\,dt\right]\times$$

$$\exp\left(-\frac{2r^2}{w_L^2}\right)2r\,dr - \frac{\varphi(0,t)}{t_r}\left[\ln(1/R) + \left(\frac{\sigma_e}{\sigma_g}\right)\ln\left(\frac{1}{T_0^2}\right) + L\right] \tag{3.11}$$

方程(3.11)即为激光光轴上光子数密度的微分方程。其中,T_0 为可饱和吸收体的小信号透过率,$T_0 = \exp(-\sigma_g n_{s0} l_s)$。

对速率方程解析求解:调 Q 初始时,令 $\dfrac{d\varphi(0,t)}{dt} = 0$,$t = 0$,可得初始反转粒子数密度 $n(0,0)$:

$$n(0,0) = \frac{\ln(1/R) + \ln(1/T_0^2) + L}{2\sigma l}\left(1 + \frac{w_L^2}{w_p^2}\right) \tag{3.12}$$

引入归一化时间 τ 和归一化光子数密度 $\varphi(r,\tau)$,并且定义一个新的参量 N:

$$\tau = \frac{t}{t_r}\left[\ln(1/R) + \ln(1/T_0^2) + L\right] \tag{3.13}$$

$$\varphi(r,\tau) = \varphi(r,t)\frac{2\gamma\sigma l'}{\ln(1/R) + \ln(1/T_0^2) + L} \tag{3.14}$$

$$N = \frac{\ln(1/R) + \ln(1/T_0^2) + L}{\ln(1/R) + \left(\frac{\sigma_e}{\sigma_g}\right)\ln\left(\frac{1}{T_0^2}\right) + L} \tag{3.15}$$

将式(3.13)~式(3.15)代入式(3.11)整理得:

$$\frac{d\Phi(0,\tau)}{d\tau} = \Phi(0,\tau)\int_0^1 \exp[-A(\tau)y^\beta]\,dy -$$

$$\left(1 - \frac{1}{N}\right)\Phi(0,\tau)\frac{1 - \exp[-\alpha A(\tau)]}{\alpha A(\tau)} - \frac{\Phi(0,\tau)}{N} \tag{3.16}$$

式(3.16)即为归一化光子数密度随归一化时间变化的微分方程,与参数 α、N 和 w_p/w_L 有关,其中:

$$y = \exp\left[-2r^2\left(\frac{1}{w_p^2} + \frac{1}{w_L^2}\right)\right] \tag{3.17}$$

$$\beta = \frac{1}{1 + (w_L/w_p)^2} \tag{3.18}$$

$$A(\tau) = \int_0^\tau \Phi(0,\tau)\,d\tau \tag{3.19}$$

$$\alpha = \frac{\sigma_g S_g}{\gamma\sigma S_s} \tag{3.20}$$

α 代表可饱和吸收体漂白的难易程度,α 越大,可饱和吸收体越容易漂白。

当 α 趋向于无穷大时,激光开始时,可饱和吸收体的基态粒子全部被激发到激发态上。由于仍存在激发态吸收,此时可饱和吸收体的透过率为:

$$T_b = \exp(-\sigma_e n_{s0} l_s) \tag{3.21}$$

此时光轴上的反转粒子数密度阈值为:

$$n_{th}(0,t) = \frac{\ln\left(\frac{1}{R}\right) + \left(\frac{\sigma_e}{\sigma_g}\right)\ln\left(\frac{1}{T_0^2}\right) + L}{2\sigma l}\left(1 + \frac{w_L^2}{w_p^2}\right) \tag{3.22}$$

通过式(3.12)、式(3.15)和式(3.22)可以看出,N 是初始反转粒子数密度与当 α 趋向于无穷大时的反转粒子数密度阈值的比值。数值求解式(3.16),可以得到 $\Phi(0,\tau)$ 和归一化脉宽 $\Delta\tau$,则实际的脉宽为:

$$\Delta t = \frac{t_r \Delta\tau}{\ln(1/R) + \ln(1/T_0^2) + L} \tag{3.23}$$

利用 Degnan 方法[15],可以得到脉冲峰值功率和单脉冲能量为:

$$P_m = \frac{\pi w_L^2 h\nu}{4\gamma\sigma t_r}\left[\ln(1/R) + \ln(1/T_0^2) + L\right]\ln\left(\frac{1}{R}\right)\Phi_m \tag{3.24}$$

$$E = \frac{\pi w_L^2 h\nu}{4\gamma\sigma}\ln\left(\frac{1}{R}\right)\Phi_{integ} \tag{3.25}$$

其中 Φ_m 为 $\Phi(0,\tau)$ 的最大值,

$$\Phi_{integ} = \int_0^\infty \Phi(0,\tau)\mathrm{d}\tau \tag{3.26}$$

脉宽 Δt 可近似为:

$$\Delta t = \frac{E}{P_m} \tag{3.27}$$

归一化脉宽:

$$\Delta\tau = \frac{\Phi_{integ}}{\Phi_m} \tag{3.28}$$

3.1.4 被动调 Q 速率方程的数值模拟与讨论

本节对以 Cr^{2+}:ZnSe 晶体为可饱和吸收体的 Tm:YAG 陶瓷被动调 Q 激光器进行理论分析和讨论。研究泵浦光和振荡光面积、饱和吸收体初始透过率、谐振腔输出镜透过率等参数对调 Q 脉冲的单脉冲能量、脉宽和峰值功率的影响。被动调 Q 模拟所用的参数见表 3-2。

(1) 参数 w_L/w_a 对调 Q 脉冲的影响

α 参数代表可饱和吸收体漂白的难易程度,α 越大,可饱和吸收体越容易漂白,在确定了增益介质和饱和吸收体之后,α 仅与增益介质和饱和吸收体上的激光光斑半径比值 w_L/w_a 相关联。因此在饱和吸收体的吸收截面与增益介质的

表 3-2　　　　　　　　　　　　　调 Q 模拟所用参数

参　数	数　值
增益基质发射截面 σ	0.2×10^{-20} cm²
增益介质长度 l	5 mm
增益介质反转数因子 γ	2
增益介质处激光光斑面积 S_g	4.52×10^{-8} m² ($r=120\ \mu$m)
增益介质掺杂浓度 n	5.52×10^{-20} cm⁻³ (4 at.%)
增益介质上能级寿命 τ	12 ms
饱和吸收体基态吸收截面 σ_g	29×10^{-20} cm²@2 015 nm
饱和吸收体长度 l_s	1 mm
饱和吸收体处激光光斑面积 S_s	28.26×10^{-8} m² ($r=300\ \mu$m)
饱和吸收体掺杂浓度 n_{s0}	1.2×10^{-20} cm⁻³
饱和吸收体上能级寿命 τ_a	5.4 μs
饱和吸收体初始透过率 T_0	80%/90%/70%/95%
真空光速 c	3×10^8 m/s
激光腔光学长度 l'	0.435 m
光子渡越时间 t_r	2.9×10^{-9} s
输出镜反射率 R	90%
腔损耗 L（包括饱和吸收体最大透过率不为 1 带来的损耗）	0.05
泵浦光斑半径 w_p	100 μm

发射截面近似相等或相差不大时，w_L/w_a 对 α 的影响尤为重要，通常需要通过在激光腔内加入透镜的方式来增加 w_L/w_a 值。通过求解式（3.16），得出参量 w_L/w_a 对调 Q 脉冲的影响。图 3-3 为固定 $w_L=100\ \mu$m，$T_0=0.8$，$R=0.8$，$L=0.05$ 时，w_L/w_a 与单脉冲能量、峰值功率和脉宽的关系。右下角的图为不同的 w_L/w_a 所对应的归一化脉冲。从图中可以看出，单脉冲能量、脉冲峰值功率、脉宽随 w_L/w_a 增加而增加，但当 w_L/w_a 达到一定的值时，相关的调 Q 脉冲参数将不再变化，因此应当适当地调整 w_L/w_a 值，最优化调 Q 脉冲。

（2）参数 w_p/w_L 对调 Q 脉冲的影响

图 3-4 是当 $\alpha=20$、$\alpha=10$、$\alpha=5$、$\alpha=2$、$\alpha=1$ 时，固定 $w_L=100\ \mu$m，$l_a=1$ mm，$T_0=0.8$，$R=0.8$，$L=0.05$，泵浦光与激光的半径之比 w_p/w_L 与调 Q 脉冲的关系。可以看出随着 w_p 的增加，单脉冲能量、峰值功率单调地增加，当 $w_p/w_L\geqslant3$ 后，调 Q 参数趋于饱和；因为光强的分布为高斯分布，当 $w_p/w_L=1$ 时，泵浦光中间强边缘弱，也就是增益介质边缘部分的粒子没有被充分泵浦，如果适当地增大泵浦光面积

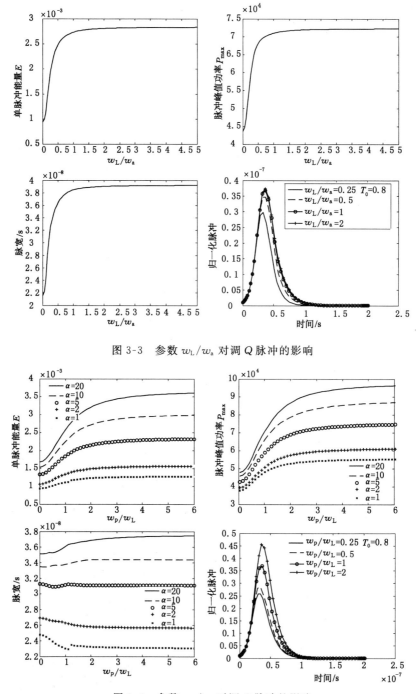

图 3-3 参数 w_L/w_a 对调 Q 脉冲的影响

图 3-4 参数 w_p/w_L 对调 Q 脉冲的影响

可以提高能量输出,但是过大,例如 $w_{\mathrm{p}}/w_{\mathrm{L}} \geqslant 4$,增益介质外围激发的反转粒子对输出脉冲能量几乎没有贡献,此时,脉冲能量和峰值功率几乎保持不变。从归一化脉冲图中可以看出,窄的脉宽对应于较低的 $w_{\mathrm{p}}/w_{\mathrm{L}}$,但其脉冲能量也是最弱的,逐渐提高 $w_{\mathrm{p}}/w_{\mathrm{L}}$ 后,脉宽变宽,单脉冲能量减弱,在实际的实验过程中,可根据所需要的调 Q 性能要求选择合适的 w_{p}。

（3）饱和吸收体初始透过率 T_0 对调 Q 脉冲的影响

饱和吸收体初始透过率 T_0 标志着饱和吸收体对激光腔 Q 值的调制程度,直接影响调 Q 单脉冲能量的大小。从初始透过率的表达式 $T_0 = \exp(-\sigma_{\mathrm{g}} n_{\mathrm{s0}} l_{\mathrm{s}})$ 来看,T_0 是随着饱和吸收体掺杂粒子浓度和长度的增加而减小的。图 3-5 是当 $\alpha=20$、$\alpha=10$、$\alpha=5$、$\alpha=2$、$\alpha=1$,固定 $w_{\mathrm{L}}=100~\mu m$,$l_a=1~mm$,$R=0.8$,$L=0.05$ 时饱和吸收体初始透过率 T_0 对调 Q 脉冲的影响。从图中可以看出,初始透过率增大,脉冲能量和峰值功率减小,而脉宽增加。随着可饱和吸收体的掺杂浓度或长度增加时,饱和吸收体的 T_0 减小,饱和吸收体变得不容易漂白,增加谐振腔腔损耗,从而使增益介质上能级可以积累更多的粒子,增大了反转粒子数,所以输出的脉宽会减小,峰值功率增加,这与数值模拟的归一化脉冲的结果相符合。当然,T_0 也不是越小越好,因为随着 T_0 的减小,腔损耗会增大,其对应的激

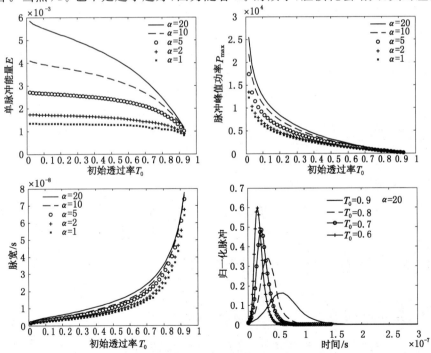

图 3-5　初始透过率 T_0 对调 Q 脉冲的影响

光阈值比较高,过大的损耗甚至会迫使激光器停止振荡。

(4) 输出镜反射率 R 对调 Q 脉冲的影响

图 3-6 是当 $\alpha=20$、$\alpha=10$、$\alpha=5$、$\alpha=2$、$\alpha=1$,固定 $w_L=100\ \mu m$, $l_a=1\ mm$, $T_0=0.8$, $L=0.05$ 时,输出镜反射率 R 对调 Q 脉冲的影响。可以看出随着反射率 R 增加,调 Q 单脉冲能量、脉冲峰值功率减小,脉宽增加。输出镜的透过率变化主要影响谐振腔的传输损耗,这与饱和吸收体初始透过率 T_0 影响谐振腔的非激活损耗在效果上是一致的。当 α 较小时,输出镜反射率对脉宽几乎没有影响。

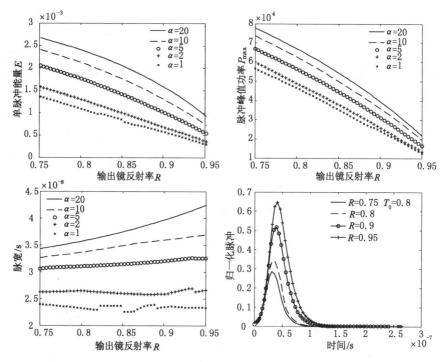

图 3-6 输出镜反射率 R 对调 Q 脉冲的影响

3.2 被动调 Q Tm:YAG 透明陶瓷激光器实验研究

3.2.1 实验装置描述

Tm:YAG 陶瓷样品采用连续运转时表现较好的掺杂浓度为 6 at.%、截面为 2 mm×3 mm、长度为 6 mm 的 Tm:YAG 透明陶瓷,样品两端镀宽带增透膜,对泵浦光和激光都是高透,其对泵浦光的吸收效率约为 85%,由于饱和吸收体的损伤阈值较低,需要使用折叠腔将未吸收的泵浦光滤掉,即使如此,被动调 Q 激光器所允许的最大泵浦功率仍然小于连续运转时的最大泵浦功率,这是因为产生脉冲激光的瞬间,通过饱和吸收体的腔内激光通量非常大。被动调 Q 的实验装置如图 3-7 所示。由于 Cr:ZnSe 在 2 μm 附近的吸收截面约为 Tm:YAG 的发射截面的 150 倍,不需要通过饱和吸收体和增益介质中的小面积比来达到被动调 Q 第二阈值,因此在设计谐振腔时仅需要考虑谐振腔的稳定性并避免腔内元件的损伤。泵浦源采用 790 nm 光纤耦合输出的半导体激光器,光纤芯径为 200 μm,数值孔径为 0.22,最大输出功率为 40 W。输入镜 M_1 为平面镜,镀有对 760~810 nm 泵浦光高透,对 2 μm 激光高反;凹面镜 M_2 的曲率半径为 100 mm,对激光高反,为了减小像散带来的损耗,M_2 的偏折角度小于 10°;平面镜 M_3 镀膜与 M_1 相同,其只改变光路,对激光腔膜没有影响;M_4 的曲率半径也为 100 mm,M_5 是平面输出镜,对 2 μm 激光的透过率为 10%。M_1 和 M_2、M_2 和 M_4、M_4 和 M_5 之间的距离分别为 60 mm、300 mm、110 mm。激光谐振腔内的腰斑半径如图 3-8 所示,此时激光增益介质上的光斑半径为 100 μm。

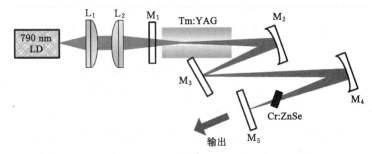

图 3-7　被动调 Q Tm:YAG 激光器实验装置图

　　Cr:ZnSe 可饱和吸收体的截面为 1.82 mm×3 mm,厚度约为 0.6 mm,初始透过率为 $T_0=92\%$,Cr:ZnSe 通光面镜面抛光,未镀增透膜,故以布儒斯特角放置于谐振腔中减小标准具效应。通过在 M_4 和 M_5 之间适当的位置插入 Cr:ZnSe 晶体实现被动调 Q 运转。实验中,将 Cr:ZnSe 晶体置于 M_4 和 M_5 之间的不同位置,输出特性变化较大,这是因为调 Q 晶体处的光斑尺寸变化较大,对应的光功率密度变化较大,从而 Q 晶体位置的变化对输出特性影响较大。将 Cr:ZnSe 晶体安装在一个三维调整架上,让其沿着激光腔轴的方向移动,使其从距离腔镜 M_5 为 10 mm 的位置到距离腔镜 M_5 为 50 mm 的位置,相应的激光光束半径分别为 150 μm 和 250 μm,给出这两种情况下的激光器的输出特征参数。调 Q 的脉冲序列由 Newport 公司的 InGaAs PIN 探测器(在 1 475~2 100 nm 波段响

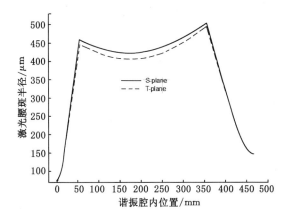

图 3-8　被动调 Q Tm:YAG 激光谐振腔内的腰斑半径

应时间小于 28 ps)探测,并用带宽为 1 GHz 的示波器(LeCroy 104X)记录。

3.2.2　实验结果及分析

在之前的连续运转实验中我们已知,在泵浦功率增加到一定值时,输出功率发生饱和,为使激光器运转在高的转换效率状态下,被动调 Q 实验的最大泵浦功率没有超过 10 W。此外,由于实验条件限制,在实验中使用的 Cr:ZnSe 晶体易损伤,在较小的光斑半径 150 μm 下,泵浦功率不超过 5 W。

被动调 Q 实验中,由于 Cr:ZnSe 晶体的插入,谐振腔损耗增加,导致阈值泵浦功率提高。当 Cr:ZnSe 至平面输出镜的距离为 50 mm(L_d=50 mm)时,被动调 Q 运转的阈值功率为 3.9 W,激光器在阈值附近即实现稳定脉冲输出,平均输出功率与入射泵浦功率的变化关系如图 3-9 所示。当最大泵浦功率为 9.5 W 时,平均输出功率为 142 mW。图 3-10 是此时的输出脉宽和重频随入射泵浦功率的变化关系。从图中可以看出,调 Q 脉宽随着入射泵浦功率的增加而减小,重频随着入射泵浦功率的增加而增大。入射泵浦功率从阈值增加到最大泵浦功率时,脉宽从 394 ns 下降到 330 ns,同时脉冲重频从 0.2 kHz 增加到 2.5 kHz。在最大泵浦功率 9.5 W 下,获得最大单脉冲能量为 56.8 μJ。图 3-11 是激光器在阈值附近的脉冲序列。当入射功率刚超过阈值 4.05 W 时,平均输出功率为 11.6 mW,重频和脉宽分别为 230 Hz 和 422 ns,此时调 Q 脉冲稳定。图 3-12 是在最大泵浦功率时调 Q 脉冲的单脉冲波形和脉冲序列,此时的脉宽为 330 ns,从图中可知脉冲序列稳定,脉冲振幅的变化幅度小于 5%。

当 Cr:ZnSe 靠近平面输出镜放置时,距离减小为 L_d=10 mm,此处的激光光斑变小至 150 μm,从而使 α 参数增大($\alpha\approx$66),可饱和吸收体更容易"漂白",

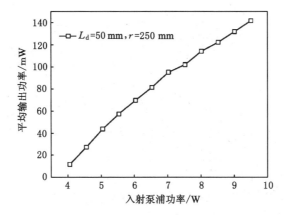

图 3-9　$L_d = 50$ mm 时,被动调 Q 激光器的平均输出功率与入射泵浦功率的关系

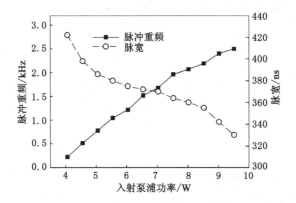

图 3-10　$L_d = 50$ mm 时,调 Q 激光器的脉宽和重频随入射泵浦功率的变化曲线

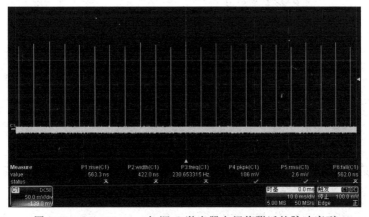

图 3-11　$L_d = 50$ mm 时,调 Q 激光器在阈值附近的脉冲序列

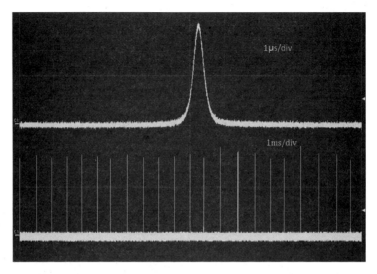

图 3-12 $L_d = 50$ mm 时,调 Q 激光器在最大泵浦功率时的单脉冲波形和脉冲序列

脉宽变短。随着 Cr:ZnSe 上的光斑变小,Q 晶体的插入损耗变小,激光器的阈值降低,斜效率升高。图 3-13 描述了 Q 晶体处的光斑半径为 150 μm 时,调 Q 脉冲激光器的平均输出功率、重频和脉宽随入射泵浦功率的变化。从图中可以看出,激光器的振荡阈值约为 3 W,在入射泵浦功率为 4.55 W 时,最大的平均输出功率为 200 mW,相对于入射泵浦功率的斜效率为 12.8%;在泵浦功率增加的过程中,重复频率随泵浦光功率的增加而增大,其值从阈值附近的 123 Hz 增加到在最高泵浦功率下的 633 Hz;随着泵浦功率的增加,输出的调 Q 脉宽从 238 ns 减小至 226 ns,脉宽与泵浦功率的变化基本无关,在最大入射功率下,单脉冲能量约为 316 μJ,对应的峰值功率为 1.4 kW。继续增加泵浦功率,则对

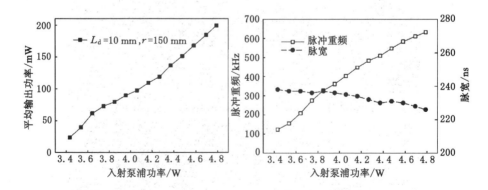

图 3-13 $L_d = 10$ mm 时,调 Q 激光器的平均输出功率、重频和脉宽随入射泵浦功率的变化曲线

Cr:ZnSe 饱和吸收体造成了光损伤。图 3-14 和图 3-15 分别是在激光阈值附近和最大入射泵浦功率时的脉冲序列,调 Q 脉冲在整个泵浦过程中脉冲序列都很稳定。

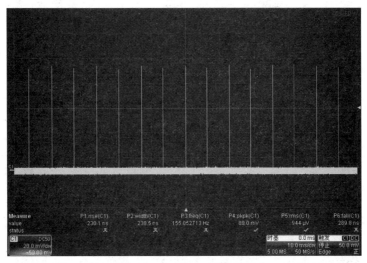

图 3-14　$L_d=10$ mm 时,调 Q 激光器在阈值附近的脉冲序列

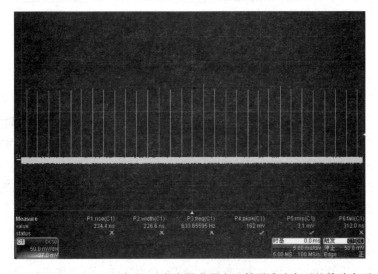

图 3-15　$L_d=10$ mm 时,调 Q 激光器在最大入射泵浦功率下的脉冲序列

图 3-16 是 Q 晶体上光斑半径为 150 μm,在最大泵浦功率下测得的输出光谱图。输出波长在整个泵浦过程中都保持在 2 013.4 nm 处,FWHM 宽度为 0.05 nm,输出光谱仍有其他波长同时存在,但是强度相比于连续运转时明显减

弱,这可能是因为偏离发射峰的波长的增益小于饱和吸收体的插入带来的损耗,包括饱和吸收损耗和非饱和吸收损耗,因而不能达到振荡阈值。

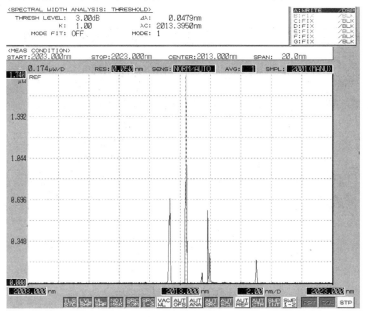

图 3-16　调 Q 运转时的输出光谱

3.3　声光调 Q Tm:YAG 透明陶瓷激光器

本节利用声光 Q 开关产生毫焦、纳秒量级的 2 μm 脉冲激光,研究 Tm:YAG 透明陶瓷激光器在不同调制频率下的调 Q 输出特性。这项工作对 2 μm 透明陶瓷材料的激光性能表征也很重要。

声光调 Q 开关由声光介质、电声换能器、吸声材料和驱动电源组成。声光调 Q 是利用激光通过声光介质中的超声场时发生 Bragg 衍射,使光束偏离谐振腔,此时谐振腔的损耗很大,Q 值很低,激光振荡不能形成,工作物质储能。当工作物质的上能级粒子数积累到极大值时,突然撤去声光介质中的超声场,则光束通过声光介质时衍射效应消失,腔损耗降低,Q 值升高,激光场迅速建立并输出巨脉冲。声光调 Q 器件具有性能稳定、重频高、调制电压低等优点,适用于中小功率、高重频的脉冲器件。

2011 年,上海交通大学 S. Zhang 等使用 1 mm×5 mm×6 mm 的 6 at.% Tm:YAG 陶瓷板条实现了 17.2 W 的连续光输出,斜效率为 36.5%。这是当年

在陶瓷激光器中实现的最高的功率[16],利用声光 Q 开关,在重频为 500 Hz 时,
得到了 2 016 nm 的脉冲输出,脉冲能量为 20.4 mJ,脉宽为 69 ns。2013 年,青
岛大学一个研究小组报道了光纤耦合输出的 LD 泵浦的 Tm∶YAG 陶瓷的脉冲
激光输出,脉宽为 107 ns,单脉冲能量为 1.44 mJ[17]。

3.3.1　实验装置

　　声光调 Q 实验中,采用平凹腔单端泵浦的方式,实验装置如图 3-17 所示。
M_1 为平面输入镜,镀有对 760~810 nm 泵浦光高透,对 1 900~2 150 nm 激光高
反的双色膜;M_2 是平凹输出镜,曲率半径为 100 mm,对振荡光的透过率为 5%,
谐振腔总长度为 80 mm。输入镜是对泵浦光高透、激光高反的平面输入镜,输
出镜是曲率半径为 100 mm、在激光波段透过率为 10% 的平凹输出镜。为了获
取高能量的调 Q 输出,Tm∶YAG 陶瓷样品采用连续运转时表现较好的掺杂浓
度为 6 at.%、截面为 2 mm×3 mm、长度为 6 mm 的 Tm∶YAG 透明陶瓷,样品
两端镀宽带增透膜,对泵浦光和激光都是高透。

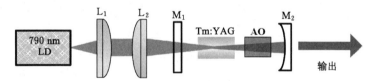

图 3-17　声光调 Q 激光器实验装置图

　　实验采用英国 Gooch & Housego 的声光 Q 开关,声光晶体采用熔融石英
并镀有 2 μm 宽带增透膜($T=99.6\%@2~\mu$m),声光晶体的长度是 60 mm,有效
孔径 2.0 mm,在 27.12 MHz 的 100 W 射频功率驱动下,声光晶体的衍射效率
大于 85%。将声光调 Q 器件放置在靠近平凹输出镜一端,此时谐振腔长度为
80 mm,在激光增益介质和声光 Q 器件上的激光光斑半径分别为 150 μm 和 350
μm。调 Q 的脉冲光信号由 InGaAs PIN 快速光电二极管探测器(上升时间 10
ns)探测,并连接到带宽为 1 GHz 的示波器(Tektronix DPO 7104C)观察脉冲图
像,记录脉宽等信息。

3.3.2　实验结果及分析

　　图 3-18 描述的是在不同调 Q 重频下平均输出功率与入射泵浦功率的关系,
图中也给出了连续运转时激光功率的输出。从图中可以看出,当腔内放入声光
晶体后,CW 功率有所下降,在 6.9 W 的泵浦光条件下,最高输出功率为 1.76
W。实验时调 Q 驱动源的脉冲重频分别设在 5 kHz、4 kHz、3 kHz、2 kHz、

1 kHz、800 Hz 和 500 Hz。为了避免声光晶体损伤,输入的最大泵浦功率为 6.9 W。在重频为 5 kHz 条件下,在最大入射泵浦功率时,获得了 1.64 W 的平均输出功率。在高重频时(2~5 kHz),平均功率和连续激光的功率相差不大,但当重频降到 1 kHz 以下时,脉冲激光的平均功率有很大下降,特别是在高功率泵浦时,输出平均功率相差更大。这主要是在调 Q 过程中,激光上能级寿命与调 Q 的重频之间的匹配关系导致激光器对储存能量的提取效率降低,这种差别在低的泵浦速率下相差不大。

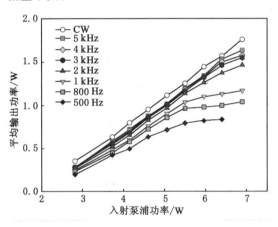

图 3-18　Tm:YAG 陶瓷激光器 CW 和不同重频下的平均输出功率与入射泵浦功率关系图

图 3-19 显示了不同重频下脉宽随入射泵浦功率的变化关系,从图中可以看出,在相同的重频下,脉宽会随着泵浦功率的增加而逐渐减小。在最大泵浦功率为 6.9 W 时,随着重频从 5 kHz 下降到 800 Hz,此时的脉宽从 294 ns 下降到 88

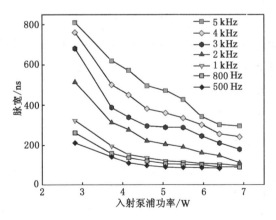

图 3-19　不同重频下的脉宽随入射泵浦功率的变化关系

ns,相应的最大单脉冲能量从 0.32 mJ 上升到 1.3 mJ。随着入射泵浦功率的增加,单脉冲能量将趋于饱和,脉宽也不再继续变窄。在 500 Hz 重频下,当入射泵浦功率升高到 6.4 W 时,获得最大的平均功率为 0.84 W,单脉冲能量为 1.68 mJ,此时的脉宽为 83 ns,对应的峰值功率为 20.1 kW,如图 3-20 所示。

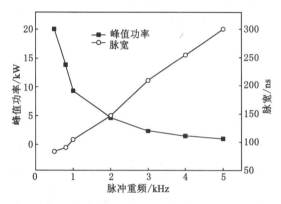

图 3-20　峰值功率和脉宽随重频的变化关系

　　图 3-21 是在重频 500 Hz、最大输出功率时调 Q 脉冲的脉冲序列及单脉冲时域图,脉宽为 83 ns,输出脉冲振幅的波动小于 5%。在声光调 Q 实验中,在整个泵浦过程中脉冲序列并不是一直都是非常稳定的,而是随着入射泵浦功率的

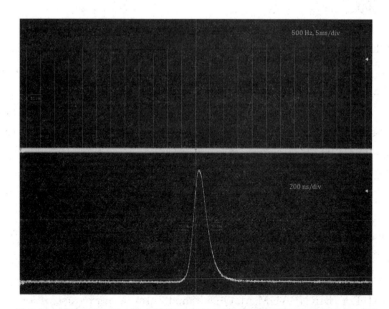

图 3-21　重频 500 Hz、最大输出功率时的调 Q 脉冲序列及单脉冲时域图

增加逐渐趋于稳定。但是在低重频下,这种现象不明显,主要是因为低重频可使激光上能级积累更多的反转粒子数。图 3-22 是调 Q 输出能量为 1.6 mJ 时测得的激光光谱图。输出波长主要集中在 2 013.4 nm,该处的光谱线宽为 0.05 nm,并且在两侧有两个小峰值,波长值为 2 012.3 nm 和 2 014.96 nm,谐振腔不是单纵模输出,激光光谱不太稳定,该图只表示某一时刻的激光光谱情况。

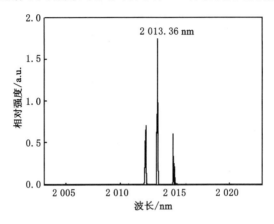

图 3-22 调 Q 输出能量为 1.6 mJ 时测得的激光光谱

参考文献

[1] KOECHNER W. Solid-state laser engineering[M]. Springer,2013.

[2] DREXHAGE K H,REYNOLDS G A. New dye solutions for mode-locking infrared lasers[J]. Optics communications,1974,10(1):18-20.

[3] CHEN Y F, TSAI S W, WANG S C. High-power diode-pumped Q-switched and mode-locked Nd:YVO₄ laser with a Cr⁴⁺:YAG saturable absorber[J]. Optics letters,2000,25(19):1442-1444.

[4] DONG J,DENG P,LIU Y,et al. Passively Q-switched Yb:YAG laser with Cr⁴⁺:YAG as the saturable absorber[J]. Applied optics,2001,40(24):4303-4307.

[5] PODLIPENSKY A V,SHCHERBITSKY V G,KULESHOV N V,et al. Cr²⁺:ZnSe and Co²⁺:ZnSe saturable-absorber Q-switches for 1.54 μm Er:glass lasers[J]. Optics letters,1999,24(14):960-962.

[6] TSAI T Y,BIRNBAUM M. Q-switched 2 μm lasers by use of a Cr²⁺:ZnSe saturable absorber[J]. Applied optics,2001,40(36):6633-6637.

[7] MOSKALEV I S, FEDOROV V V, GAPONTSEV V P, et al. Highly efficient, narrow-linewidth, and single-frequency actively and passively Q-switched fiber-bulk hybrid Er：YAG lasers operating at 1645 nm[J]. Optics express, 2008, 16(24)：19427-19433.

[8] MIROV S B, FEDOROV V V, MARTYSHKIN D, et al. Progress in Mid-IR lasers based on Cr and Fe-Doped Ⅱ-Ⅵ chalcogenides[J]. IEEE journal of selected topics in quantum electronics, 2015, 21(1)：292-310.

[9] YU H, PETROV V, GRIEBNER U, et al. Compact passively Q-switched diode-pumped Tm：LiLuF$_4$ laser with 1. 26 mJ output energy[J]. Optics letters, 2012, 37(13)：2544-2546.

[10] MIROV S, FEDOROV V, MOSKALEV I, et al. Progress in Cr^{2+} and Fe^{2+} doped mid-IR laser materials[J]. Laser & photonics reviews, 2010, 4(1)： 21-41.

[11] MOSKALEV I S, FEDOROV V V, MIROV S B. Tunable, single-frequency, and multi-watt continuous-wave Cr^{2+}：ZnSe lasers[J]. Optics express, 2008, 16(6)：4145-4153.

[12] BATAY L E, KUZMIN A N, GRABTCHIKOV A S, et al. Efficient diode-pumped passively Q-switched laser operation around 1. 9 μm and self-frequency Raman conversion of Tm-doped $KY(WO_4)_2$[J]. Applied physics letters, 2002, 81(16)：2926-2928.

[13] FAORO R, KADANKOV M, PARISI D, et al. Passively Q-switched Tm： YLF laser[J]. Optics letters, 2012, 37(9)：1517-1519.

[14] ZHANG X, ZHAO S, WANG Q, et al. Modeling of passively Q-switched lasers[J]. Journal of the optical society of America B, 2000, 17(7)： 1166-1175.

[15] DEGNAN J J. Optimization of passively Q-switched lasers[J]. IEEE journal of quantum electronics, 1995, 31(11)：1890-1901.

[16] ZHANG S, WANG M, XU L, et al. Efficient Q-switched Tm：YAG ceramic slab laser[J]. Optics express, 2011, 19(2)：727-732.

[17] ZHANG S, WANG X, KONG W, et al. Efficient Q-switched Tm：YAG ceramic slab laser pumped by a 792 nm fiber laser [J]. Optics communications, 2013, 286：288-290.

第4章 Tm:YAG 陶瓷激光器调谐性能研究

Tm:YAG 激光陶瓷作为一种新型材料,其常规激光的出射波长为 2 015 nm。若在激光腔中采用波长选择元件,则可在一定范围内改变 Tm:YAG 激光系统的出射波长。无论是用作掺 Ho 激光介质的泵浦源,还是用作大气探测等,可调谐 Tm:YAG 陶瓷激光器均具有重要应用价值。

4.1 常用选频元件

4.1.1 F-P 标准具

法布里-珀罗标准具(F-P etalon)是基于干涉原理制成的波长选择元件,一般由一定厚度的平板玻璃做成。入射光束在平板玻璃的两个表面上发生多次反射后叠加干涉,其透过率与玻璃板厚度、入射光波长、入射角度均有关系。若改变入射角度,则具有最大透过率的波长随之改变,因此可以用作选频元件。2013 年,Pisa 大学的研究小组采用 3 mm 厚石英标准具对钛宝石激光器泵浦的 Tm:YAG 陶瓷激光器进行调谐,结果如图 4-1 所示[1]。

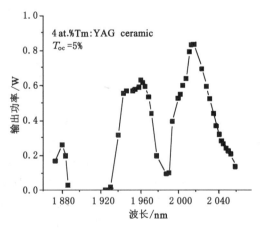

图 4-1 波长为 785.4 nm 的钛宝石激光器泵浦
4 at.% Tm:YAG 陶瓷激光器获得的调谐曲线

4.1.2　双折射滤波器

双折射滤波器主要是利用晶体的双折射特性和偏振光之间的干涉原理制成,早年由 Loyt、Evans 等对这种滤波器的研究做出了突出的贡献。常见的双折射滤波器一般由一对偏振器和一组双折射晶片构成。光束经过第一个偏振器之后会变成线偏振光,在入射进晶体之后,随着偏振方向与晶体光轴角度的不同,会分解为 o 光和 e 光。由于晶体本身的双折射特性,两个方向的偏振光会附加不同的相位,在经过后一个偏振器的时候发生干涉叠加。对于不同的波长,由于其在双折射晶体内附加的相位差不同,由最终干涉决定的透过率也就不一样,因此可以起到波长选择作用。在双折射滤波器中,其自由光谱范围由双折射滤波片组中最薄的晶体决定,而其选频精度即线宽则是由最厚的晶体决定。因此若是用单片双折射晶体做成的双折射滤波器,通常其自由光谱范围较小,且可能无法有效地滤波,在增益较高的情况下可能同时会有若干个波长起振;若使用多片双折射晶体做成的双折射滤波器,则一方面其加工的复杂度增加,另一方面会大大加大其插入损耗[2-3]。

4.1.3　棱镜

棱镜调谐基于角色散原理。多色光经过棱镜折射时,不同的波长成分其偏转角度不同。因此,只要将需要的波长成分反馈回激光腔,就可以实现较大范围的调谐。但是一般来说,其选频精度不高。2012 年,上海交通大学的研究团队利用棱镜进行了 Tm：YAG 陶瓷激光器的调谐性能研究,结果如图 4-2 所示[4]。

他们在 2 015 nm、1 948 nm、1 884 nm 三个发射峰附近获得了激光输出。但是,由于棱镜的强制调谐能力较弱,出现了几个发射峰同时起振的现象,而且在各发射峰之间无法连续调谐。

4.1.4　体布拉格光栅(Volume Bragg Grating)

体布拉格光栅(VBG)是以新型感光材料 Photo-Thermo-Refractive(PTR)玻璃为基础,通过紫外线光刻的方法在光致热折变玻璃内部刻写的三维光栅,具有衍射效率高、热损伤阈值高、稳定性能好等优点。经实验研究发现,体布拉格光栅的使用基本不会给谐振腔造成额外的功率损耗,可以在不同类型的激光器中起到光谱选择和线宽窄化的作用。其最初是由美国加州佛罗里达大学光学与光子学研究院首先研制的,其最大绝对衍射效率超过 95%,相对衍射效率达到99.9%,能够承受 >5 J/cm² 脉冲波(8 ns 脉冲为 40 J/cm²),在温度不超过 400 ℃时,光栅是永久稳定的且不会因光辐照或热影响而消除。在 350～2 700 nm

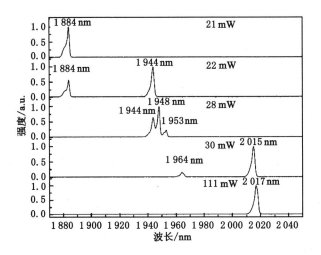

图 4-2　Tm:YAG 陶瓷激光器中使用三棱镜调谐获得的结果

窗口范围内,PTR 玻璃可以完全透过,吸收系数小于 $0.01~\text{cm}^{-1}$,这使得体布拉格光栅可用于可见光到红外范围的固体激光器中。

体布拉格光栅的内部折射率一般呈正弦或余弦周期分布。根据工作方式的不同,体布拉格光栅可以分为透射式、反射式及啁啾光栅三种。以反射式的体布拉格光栅作为一个示例,工作原理如图 4-3 所示[5]。

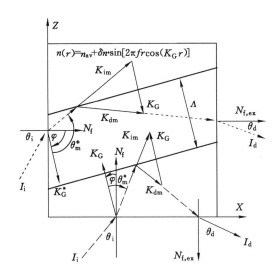

图 4-3　体布拉格光栅工作原理图

　　获得不同的反射波长可以通过转动光栅、改变入射光束的角度来实现。不同波长的光经 RBG 反射之后光线方向改变,体布拉格光栅的布拉格波长可以由如下公式表示:$\lambda_B = \lambda_0 \cos\theta$,其中,$\lambda_0$ 是正入射时的波长,θ 为入射角,指入射光相对于体布拉格光栅的角度(体布拉格光栅一般与 PTR 玻璃表面有 2° 的夹角,主要用于防止玻璃表面的反射产生干扰)。入射光光轴和体布拉格光栅有一定的夹角,通过改变其角度,可以实现固体激光器波长连续可调谐激光的输出。体布拉格光栅具有角度选择特性,当入射角增大时它所能调谐的角度反而减小,可用公式表示为:

$$\Delta\theta = \lambda_B / 2n \sin\theta L \tag{4.1}$$

式中,n 是材料的折射率;L 是体布拉格光栅的光栅厚度。随着体布拉格光栅相对入射光的调谐角度逐渐增加,$\sin\theta$ 随之增大,反馈波长也随之减小。因此随着入射角 θ 的增大,$\Delta\theta$ 不断减小,如果 $\Delta\theta$ 不断减小直到与入射的高斯光束的发散角相近或者比发散角小时,那么有些高斯光束就不再符合布拉格衍射条件,无法被体布拉格光栅反射,而直接从体布拉格光栅透射出去,这就致使体布拉格光栅调谐到某一特定角度时反射率会有一定的下降。可以使用一个或多个体布拉格光栅与高反镜组合在一起,构成激光器中高效率的波长调谐和波长窄化组件,还可以实现双波长甚至多波长的激光产生[6],实验装置如图 4-4 所示,将此装置用于高功率的 Tm 光纤激光器中,获得了 112 W 的 1 988 nm 高功率输出,线宽19 pm,在调谐实验中,可调谐范围达到 104 nm,从 1 930 nm 到 1 821 nm,功率大于 52 W,线宽小于 15 pm。

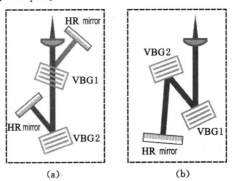

图 4-4　体布拉格光栅对的实验装置图

　　由于体布拉格光栅的优秀性能,现已广泛应用于光纤激光器和固体激光器等不同的激光领域,其带宽可低至 20 pm,衍射效率高达 99% 以上,接收角可以小至 100 μrad,有效工作入射角度范围可达 10° 以上,调谐范围一般为 50～100

nm。其激光损伤阈值也较高，对脉宽为 8 ns 的 1 064 nm 激光，损伤阈值达到 40 J/cm²[7]。对近红外波段连续激光，损伤阈值至少可以达到每平方厘米数万瓦[8]。在温度漂移特性上，在波长为 532 nm 处，其温度漂移为 5 pm/K。因此，体布拉格光栅作为波长选择元件具有以下显著优势：① 插入损耗小；② 线宽窄，工作范围宽；③ 损伤阈值高。因此，体布拉格光栅已经被广泛应用于各种高功率激光系统中。

2013 年，西安光学精密机械研究所的研究小组利用体布拉格光栅在 Tm：YAG 陶瓷激光器中实现了单频运转，其在 1 999.7 nm 处光谱线宽为 10 MHz，获得的最大输出功率为 1.4 W[9]。他们利用体布拉格光栅还研究了 YAG 的一种同构体——Tm：LuYAG 混晶激光器的调谐特性[10]。基于 Z 型腔设计，他们实现了从 1 935.3 nm 到 1 994.9 nm 的宽范围调谐输出。在 1 999.7 nm 处，他们获得了 1.76 W 的最大激光功率输出，斜效率为 21.41%。

4.2 体布拉格光栅选频 Tm：YAG 陶瓷激光器

4.2.1 2 000 nm Tm：YAG 陶瓷激光器

本节在经典平平腔的基础上，用一块反射式体布拉格光栅（RBG）替代原来的输入耦合镜构成选频谐振腔。谐振腔结构示意图如图 4-5 所示。

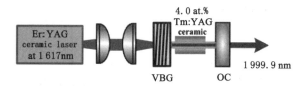

图 4-5 谐振腔结构示意图

所用反射式体布拉格光栅（RBG，OptiGrate Corp.）厚度为 11 mm，尺寸为 10 mm×5 mm，中心波长为 1 999.9 nm，光谱选择宽度为 0.76 nm，衍射效率大于 99%。光从不同角度入射到体布拉格光栅上，角度不同，对应的布拉格波长也是不同的，光垂直入射时，体布拉格光栅的衍射效率是最大的。表面镀有增透膜，使得光反射率小于 0.2%，光谱选择性（FWHM）为 0.76 nm。体布拉格光栅放置在紫铜的热沉中，体布拉格光栅与紫铜热沉的接触面均放置单层钢箔使其进行充分的热交换以加强散热保证光栅的稳定工作。增益介质使用自由振荡实验中输出较高功率的掺杂浓度为 4 at.%、长度为 14.5 mm 的 Tm：YAG 陶瓷样品，输出耦合镜选择了几组不同的透过率为 5%、10%、20% 进行了比较。

我们使 Tm:YAG 陶瓷激光器首次利用共振泵浦的方式工作在 2 000 nm 处,并比较了透过率为 5%、10%、20% 的输出镜输出的激光性能。输出功率随入射泵浦功率变化曲线如图 4-6 所示。从图中可以看出,获得最高输出的仍然是输出镜透过率为 10% 的激光谐振腔。激光器的阈值泵浦功率为 1.3 W,在入射泵浦功率最大 4.56 W 时激光输出 1.64 W,对应于入射泵浦光的斜效率为 50%,这是目前获得的最高的斜效率。输出激光光束质量好,接近衍射极限,在最高功率处 M^2 因子约为 1.1(NanoScan, Photon Inc)。实验中使用光谱分析仪 (AQ6357,Yokogawa)测量不同输出镜透过率条件下 Tm:YAG 激光器的输出光谱。当入射功率一定时,激光器的输出稳定性并不受输出耦合镜透过率变化的影响,且波长变化范围也十分微小,中心波长均位于 1 999.9 nm 附近。

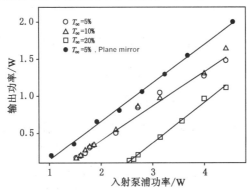

图 4-6　不同输出透过率的激光输出功率随入射泵浦功率的变化曲线

图 4-7 是用 10% 的透过率测量的 Tm:YAG 激光器的激光光谱,其运行波长为 1 999.9 nm,光谱带宽为 0.26 nm。图中插入的图为光束质量测试仪测得的光斑能量二维分布图。透过率为 5% 的输出镜所在谐振腔与 10% 的输出镜激光效率相近,最大激光输出为 1.48 W,斜效率为 47.4%,激光输出功率和入射泵浦功率的关系曲线表现出很好的线性增长,表明通过增加入射泵浦功率可以进一步提高激光输出功率。

透过率为 20% 的输出镜和体布拉格光栅构成的谐振腔在入射泵浦功率达到 4.56 W 时,获得了较低的功率 1.15 W,激光器阈值达到 2.5 W,最大输出功率和斜效率功率也有所下降。斜效率的降低主要是由于高输出耦合损耗导致了较高的激光阈值,使得激光上能级 $^3F_4$ 能级上的粒子数密度增加,因此能量上转换($^3F_4 \rightarrow ^3H_5$,$^3F_4 \rightarrow ^3H_4$)变得严重,从而降低了激光效率。由此可知,激光谐振腔的输出镜透过率对发射激光的性能有很大影响,透过率高则谐振腔的透射损耗大,腔内光功率密度下降,激光器阈值增加,不容易出光。而输出镜透过率过

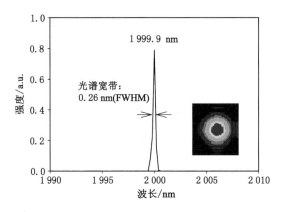

图 4-7 输出激光光谱图(插图:光斑能量二维分布图)

小,会导致能量提取能力下降,激光器斜效率降低。因此,选择合适的输出镜对激光性能的优化很有必要。

4.2.2 1 881 nm Tm:YAG 陶瓷激光器

首先分析不同波长处的激光特性,我们引入激光增益截面,它可通过有效吸收截面和受激发射截面等参数估算得到,所用公式如下:

$$\sigma_{gain} = \beta * \sigma_e(\lambda) - (1-\beta) * \sigma_a(\lambda) \qquad (4.2)$$

式中,β 为受激到上能级的 Tm^{3+} 粒子数占增益介质内部的 Tm^{3+} 总粒子数的百分比,称为反转因子,$\beta = N_2/(N_1+N_2) \approx N_2/N$,$N_2$ 和 N_1 分别是激光上能级 $^3F_4$ 和激光下能级(基态)$^3H_6$ 的粒子数密度,N 为 Tm^{3+} 总的粒子数密度,对于一定的掺杂浓度,N 是定值;$\sigma_e(\lambda)$ 表示在激光波长为 λ 处的增益截面;$\sigma_a(\lambda)$ 表示在激光波长为 λ 处的吸收截面。

我们在相同温度条件下计算了增益截面随波长变化的曲线,并选取 β 值为 0.1、0.3、0.5 绘出多条曲线,如图 4-8 所示。增益截面在 1 800 nm 附近开始出现正值,并随着波长的增加逐渐增大。增益截面的峰值和荧光光谱有相似之处。在波长 1 800~2 050 nm 范围内,β 值较大时,Tm:YAG 的增益截面的主峰位置与荧光谱线相一致,在 1 880 nm、1 960 nm、2 015 nm 处出现峰值,且谱线较宽。当 β 值减小到 0.1 时,峰值基本被淹没。增益截面 σ_{gain} 在短波长处出现负值则表明无法产生激光,主要是该处对于泵浦光的吸收截面过大所致。

从图 4-8 中可以看出,2 015 nm 处的增益截面最大,2 015 nm 处的增益截面大约是 1 881 nm 波长处的增益截面的三倍,所以在自由运转激光器中最易发射 2 015 nm 激光。然而,由于 1 881 nm 波长相对其他 Tm:YAG 发射波长有更高的水吸收,所以这个波长有很多潜在的应用。

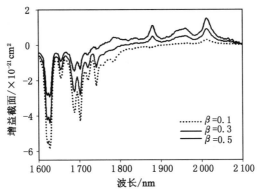

图 4-8　Tm:YAG 陶瓷的增益截面随波长变化曲线

为了加强谐振腔内 1 881 nm 的激光振荡,我们采用衍射波长位于 1 881 nm 处的体布拉格光栅来选波长。所用的体布拉格光栅的衍射效率大于 98%,光栅厚度为 12.5 mm,光栅截面尺寸为 8 mm×6 mm,光谱选择性 FWHM 小于 0.5 nm,此光栅对 2 015 nm 波长处的反射率为 8%,可以有效抑制 2 015 nm 激光振荡。

实验装置图如图 4-9 所示。采用简单的两镜腔结构,输入镜为 1 881 nm 的体布拉格光栅,输出镜为平面输出耦合镜,对 1 850~2 250 nm 处的透射率为 5%,对泵浦光的反射率超过 97%,以提高激光介质对泵浦光的吸收率。实验首先测量了体布拉格光栅对泵浦光的透射损耗,在泵浦逐渐增加到 4 W 时,体布拉格光栅对泵浦光的透过率大于 94%。体布拉格光栅用铟箔包裹放置在紫铜的热沉中保证它的温度稳定性。Tm:YAG 陶瓷样品采用 4 at.%的掺杂浓度,长度为 14.5 mm,两个端面均镜面切割并镀膜,对泵浦光和激光波长高透过,同时也放置在水冷热沉中,温度控制在 17 ℃。谐振腔的物理长度为 20 mm。泵浦光为自建的 1617 nm Er:YAG 陶瓷激光器。激光器输出波长如图 4-10 所示。中心波长为 1 880.5 nm,光谱带宽为 0.2 nm。

图 4-9　Tm:YAG 陶瓷激光器的实验装置图

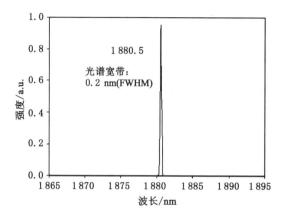

图 4-10 Tm：YAG 1 880.5 nm 激光器输出波长

图 4-11 显示了 Tm：YAG 激光器的输出功率随入射泵浦功率的变化。阈值泵浦功率为 2.5 W,较高的阈值是由于 1 880 nm 处存在较强的再吸收。当入射泵浦功率增加到 5.2 W 时,获得的最高输出功率为 200 mW,斜效率为 9%,输出功率基本成线性增长。图中的插图为 2 015 nm 和 2 000 nm 处的激光输出功率与入射泵浦功率关系曲线。

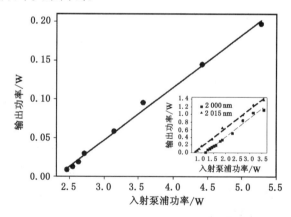

图 4-11 4 at.％ Tm：YAG 激光器的输出功率随入射泵浦功率的变化曲线

我们进一步讨论了再吸收损耗对不同发射波长的激光器的阈值的影响。不考虑 Tm：YAG 的上转换效率,激光器的阈值可以表示为：

$$P_{\text{th}} = \frac{\pi h \nu_{\text{p}} (w_{\text{L}}^2 + w_{\text{p}}^2)[L + T + 2Nlf_{\text{L}}\sigma_{\text{gain}}]}{4\tau\eta_{\text{a}} f_{\text{U}}\sigma_{\text{gain}}} \tag{4.3}$$

式中,ν_{p} 是泵浦光频率;w_{p} 和 w_{L} 是泵浦光和激光的束腰半径;L 是谐振腔损耗;T 是输出耦合镜的透过率;l 是激光材料的长度;N 代表铥离子的掺杂浓度;f_{L} 和

f_U是激光下能级和激光上能级的玻耳兹曼布居数;σ_{gain}是增益截面;η_a是激光介质对泵浦光的吸收;τ是激光上能级的荧光寿命;h是普朗克常量。具体的数值如表 4-1 所示。

表 4-1	模拟中各参数的取值		
参数	值	参数	值
h	6.626×10^{-34} J·s	τ	10.5 ms
λ_p	1 617 nm	δ	0.01
λ_s	1 881 nm	f_L	0.015 8
η_a	0.85	f_U	0.485 6
c	3×10^8 m/s	T	0.03
w_p	150 μm	σ_e	2.3×10^{-21} cm²
w_L	147 μm	σ_a	0.39×10^{-21} cm²
l	14.5 mm	N_{tm}(4 at. %)	5.46×10^{20} cm⁻³

　　将表中数据用于公式模拟,我们计算了 Tm∶YAG 陶瓷激光器几个特征波长处的阈值泵浦功率,如图 4-12 所示。实验上测得的 1 880 nm、2 000 nm、2 015 nm 处的波长对应的阈值分别为 2.5 W、1.3 W 和 0.8 W,选择输出镜透过率 T 为 5%,估算的谐振腔损耗 L 为 1%,总的损耗为 0.06 时,按照上面的公式,计算得到的阈值分别为 2.56 W、1.57 W 和 0.87 W,与实验结果基本一致。从图 4-12 中可以很明显地看出,从 1 880 nm 到 2 015 nm 之间,随着波长的升高阈值是逐渐降低的,这与增益截面表现出来的结果一样,主要是由于短波长对泵浦光的再吸收严重。当激光波长超过 2 015 nm 时,阈值出现了明显的陡增,这

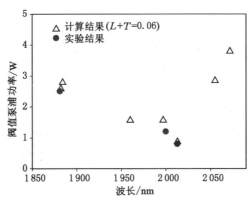

图 4-12　Tm∶YAG 陶瓷激光器不同波长处的阈值泵浦功率

是由于逐渐偏离了受激发射峰,发射截面迅速降低。

4.3 体布拉格光栅调谐的 Tm:YAG 陶瓷激光器

4.3.1 实验装置总体介绍

图 4-13 为波长调谐实验装置图。泵浦源为从 LIMO 公司购买的半导体激光器模块(LIMO400-C12×12-DL786-EX1652),中心波长在低温下约为 783 nm,光谱带宽为 2.99 nm。出射光斑尺寸为 12 mm(x)×12 mm(y),对应的发散角为 12.8 mrad(x)×7 mrad(y)。据此计算出的光束质量因子为 $M_x^2=153$,$M_y^2=84$。实验中为了便于调节腔内激光在体布拉格光栅上的入射角,设计了一个 Z 型四镜腔,如图 4-13 所示。其中,入射镜 M_1 和 M_2 的曲率半径均为 200 mm,并均镀了双色膜(HT@760~810 nm,HR@1 850~2 050 nm);输出镜 M_3 为平面镜,在 1 850~2 050 nm 的透过率为 5%;采用反射式体布拉格光栅同时作为调谐元件和折叠腔镜从而构成了一个 Z 型四镜腔。

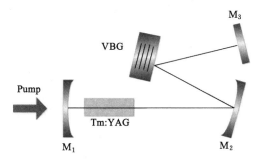

图 4-13   波长调谐实验装置图

实验中所使用的体布拉格光栅(OptiGrate Corp.,Oviedo,Florida)的通光口径为 10 mm×6 mm,厚度为 10.95 mm。在正入射时,体布拉格光栅的反射中心波长为 1 999.7 nm,设计的反射带宽(FWHM)为 0.76 nm,衍射效率 >99%。体布拉格光栅被安装在铜质夹具上,在体布拉格光栅和铜块之间使用一层铟箔来提供缓冲。铜块未通水,因此仅提供有限的散热作用。Tm:YAG 陶瓷样品的掺杂浓度为 3 at.%,其尺寸为 10 mm×1.67 mm×10 mm。其中两个 1.67 mm×10 mm 的面为通光面,进行光学级抛光之后镀了泵浦光和 2 μm 波段激光的双高透膜系。陶瓷样品被夹在微通道水冷模块之间,在陶瓷样品和热沉之间,上下各使用了一层 100 μm 厚的铟箔来保证有效的热接触。热沉中的冷却水温度维持在 18 ℃。使用一个焦距为 50 mm 的平凸球面透镜对泵浦激光进行聚焦,焦点处的光斑直径为 $400~\mu m$。体布拉格光栅选择的波长与激光的入射角度有直接关系,可以用以下关系式来描述:$\lambda_B = \lambda_0 \cos\theta$。其中 λ_B 为体布拉格光栅的布拉格衍射波长;λ_0 为正入射时的反射中心波长;θ 为内反射角。通过旋转体布拉格光栅,并对应调整输出镜 M_3,即可调节激光器的输出波长。整个 Z 型腔的总腔长约为 327 mm。实验中使用光谱分析仪(AQ6375,Yokogawa)来测量输出激光的波长,分辨率设定为 0.05 nm。

4.3.2　体布拉格光栅调谐特性介绍

对于体布拉格光栅来说,其角度分辨率一般可以用到达衍射效率的第一零点处的宽度(Full-Width at Zero Level)来表示,如图 4-14 所示。在已知体布拉格光栅的波长分辨率的情况下,可以计算出体布拉格光栅的角度分辨率,计算公式如下:

$$\delta\theta^{\text{FWZ}} = 2\left(\frac{2\delta\lambda^{\text{HWFZ}}}{\lambda_0}\right)^{1/2} \tag{4.4}$$

式中,$\delta\theta^{\text{FWZ}}$ 即为正入射时的角度分辨率;$\delta\lambda^{\text{HFWZ}}$(HWFZ:Half Width at First Zero)为体布拉格光栅的波长分辨率。实验中所使用的体布拉格光栅的带宽(半高全宽)为 0.76 nm,而缺少第一零点处对应的宽度,因此仅使用半高全宽的带宽数据作为替代,以对角度分辨率做一个大致的估算。因此其对应的半宽度为 0.38 nm。体布拉格光栅正入射时的反射中心波长为 1 999.7 nm。将以上数据代入式(4.4),计算出的角度分辨率/接收角约为 39 mrad。

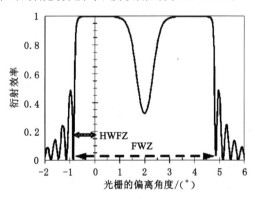

图 4-14　角度分辨率的定义

体布拉格光栅的接收角与入射角度的关系为[11]:

$$\Delta\theta = \lambda/2n\sin\theta L \tag{4.5}$$

体布拉格光栅的接收角随入射角增大而减小。因此,当激光束参数如光束直径、发散角等保持不变时,随着入射角度的增大,其插入损耗也会逐渐增大。典型情况如图 4-15 所示。

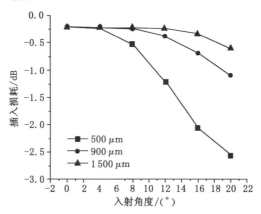

图 4-15　在不同的高斯光束直径下,体布拉格光栅的插入损耗随入射角的改变而变化

4.3.3　调谐实验结果及分析

在 30 W 的泵浦功率下,获得了如图 4-16 所示的调谐曲线。若是体布拉格光栅采取正入射的形式,由于此时不再需要 M_3 对体布拉格光栅提供反射,因此只能利用 M_2 耦合输出。则 M_2 处要有往返两路输出,相当于整个腔的透过率变为 10%。透过率的提高会使阈值提升得过高,因此仅仅使用一定角度入射的方式,来实现从 M_3 处单路输出。对应的最长体布拉格光栅反射中心波长为 1 995 nm。从而实现了从 1 956.2 nm 到 1 995 nm 的连续调谐,调谐宽度为 38.7 nm。在调谐曲线中,从 1 995 nm 到 1 980 nm,在相同的泵浦光功率下,输出激光功率逐渐降低。继续减小激光波长,则在 1 965 nm 左右处出现一个峰。这是由于在 1 960 nm 附近,Tm:YAG 陶瓷存在着一个发射峰,增益截面变大。从 1 965 nm 再往更短的波长调谐,激光功率会明显下降。而在 1 960 nm 附近激光的发射截面变化并不大。这主要是由于此时体布拉格光栅上激光的反射角已经较大,例如,当调谐至 1 965 nm 时,反射角为 10.7°。随着反射角度的增加,体布拉格光栅的接收角减小,到与激光本身的发散角相近或者比激光的发散角更小时,发散角大于该接收角的部分激光光束无法满足布拉格衍射条件,导致整体的衍射效率降低。在整个调谐过程中,激光光谱的典型带宽为 0.1 nm 左右。以 1 990.8 nm 的激光光谱为例,如图 4-17 所示。

作为对比,图 4-18 给出了自由运转情况下的激光光谱。其中心波长为 2 013.6 nm,半高全宽为 1 nm。因此,体布拉格光栅可以对输出激光光谱进行

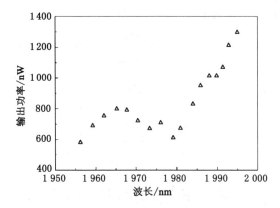

图 4-16　30 W 泵浦功率下的调谐曲线

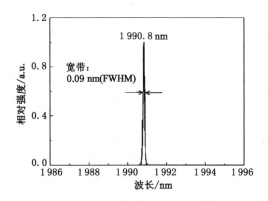

图 4-17　1 990.8 nm 处的激光光谱

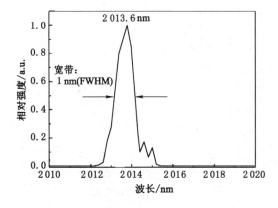

图 4-18　自由运转情况下的激光光谱

极大窄化。整个调谐范围内的输出激光光谱如图 4-19 所示。

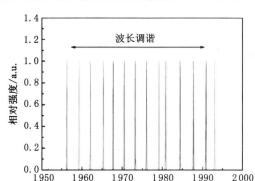

图 4-19　体布拉格光栅调谐激光器中各个波长的输出激光光谱一览

　　为了更完整地了解 Tm∶YAG 陶瓷激光器在不同波长下的运转性能,我们测量了各自的输入输出功率关系,典型结果如图 4-20 所示。当激光器运转波长为 1 990.5 nm 时,在 37.8 W 的吸收泵浦功率下获得了 1.51 W 的激光输出,斜效率为 6.8%;当激光波长移至 1 976 nm 时,在 36 W 的吸收泵浦功率下已可以观察到饱和迹象;当激光波长移至 1 967.7 nm 时,在吸收泵浦功率为 33 W 时已出现明显的饱和现象。随着激光波长变短,激光下能级对应于能量更低的基态 Stark 子能级,由玻耳兹曼分布可知,其更容易受到温度的影响。随着泵浦功率的增加,晶体内的温度越来越高,激光下能级上的粒子数会随之增多,反转粒子数随之减小,因而造成饱和。通过改进激光腔的设计、优化泵浦光与激光场的模式匹配以及使用散热性能更好的水冷模块,可以进一步提升该激光系统的效率。

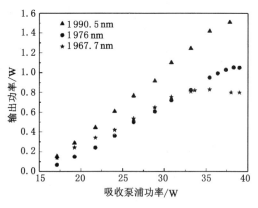

图 4-20　在不同激光波长下的激光性能

参考文献

[1] J T THOMAS,M TONELLI,S VERONESI,et al. Optical spectroscopy of Tm^{3+}:YAG transparent ceramics [J]. Journal of physics D:applied physics,2013,46(37):375301.

[2] P DEKKER,P A BURNS,J M DAWES,et al. Widely tunable yellow-green lasers based on the self-frequency-doubling material Yb:YAB[J]. Journal of the optical society of America B,2003,20(4):706-712.

[3] 穆廷魁,李国华,郝殿中.宽调谐双折射滤光片最佳透射系统研究 [J].激光技术,2006,30(5):520-522.

[4] W L GAO,J MA,G Q XIE. Highly efficient 2 μm Tm:YAG ceramic laser [J]. Optics letters,2012,37(6):1076-1078.

[5] I V CIAPURIN,L B GLEBOV,V I SMIRNOV. Modeling of Gaussian beam diffraction on volume Bragg gratings in PTR glass[C]//Practical holography XIX:materials and applications. Washington:International Society for Optics and Photonics,2005,5742:183-194.

[6] SHEN D Y. Novel use of volume-Bragg grating in high-power fiber lasers [J]. SPIE newsroom,2011,10:1117/2.1201101.003485.

[7] Y J ZHANG,B Q YAO,S F SONG. All-fiber Tm-doped double-clad fiber laser with multi-mode FBG as cavity[J]. Laser physics,2009,19(5):1006-1008.

[8] L B GIEBOV. High brightness laser design based on volume Bragg gratings[C]//Laser source and system technology for defense and security II. Orlando:International Society for Optics and Photonics,2006,6216:621601-621601-11.

[9] J Y LONG,D Y SHEN,Y SH WANG,et al. Compact single-frequency Tm:YAG ceramic laser with a volume Bragg grating[J]. Laser physics letters,2013,10(7):075805.

[10] M SUN,J Y LONG,X H LI,et al. Widely tunable Tm:LuYAG laser with a volume Bragg grating[J]. Laser physics letters,2012,9(8):553.

[11] F HAVERMEYER,W H LIU,C MOSER. Volume holographic grating-based continuously tunable optical filter[J]. Optical engineering,2004,43(9):2017-2021.

第5章 掺铥陶瓷激光器的应用
——共振泵浦技术

Ho 激光系统是另一种重要的产生 2 μm 激光的系统，Ho³⁺ 的 $^5I_7 \rightarrow {}^5I_8$ 跃迁发射的荧光波长为 2.1 μm，比 Tm³⁺ 的荧光波长稍长。相较于 Tm 激光系统，Ho 激光系统的最大优势在于同体系掺 Ho 材料拥有数倍于掺 Tm 材料的吸收和发射截面，而荧光寿命相当，更有利于聚集能量实现高能脉冲输出。2.1 μm 激光在医疗、军事、遥感测距等方面均有重要的应用。在临床医学领域，该激光波长与水的吸收峰 1.95 μm 接近，生物组织对其吸收系数大，穿透深度浅为 0.5 mm，对组织周围的热凝固损伤小，用于体表疾病的手术能保证手术过程中的安全；在低 OH⁻ 的石英光纤传输，与内窥镜配合应用更能体现它的优越性[1-2]。现在，脉冲式固体 Ho:YAG 激光器已经用于眼科、耳鼻喉科、普外科等临床各科，是正被推广的优秀医用激光。

镥铝石榴石(Lu₃Al₅O₁₂ 或者 LuAG)，与 YAG 同属于立方晶系，是一种综合性能优良的激光基质材料，近年来掺杂的 LuAG 得到了广泛的研究。与 Ho:YAG 相比，Ho:LuAG 的 $^5I_7$ 和 $^5I_8$ 能带的 Stark 分裂相对较大一些，从而热导率更高，激光上下能级的粒子数玻耳兹曼分布也有所不同；另外，Ho:LuAG 有相对较低的上转换率和较长的激光上能级寿命，而这些将对激光器的运行产生关键性的影响[3-5]。

5.1 掺 Ho 激光器的泵浦方式

直接与 Ho⁺ 的吸收峰相匹配的半导体泵浦源较少，一般采用敏化离子共掺的方法使可以采用商业化的半导体激光器做泵浦源，利用敏化离子与 Ho³⁺ 离子之间的能量传递来实现对 Ho³⁺ 离子的激发[6-9]。尽管共掺系统能够解决 Ho³⁺ 激光系统的泵浦源问题，但也存在着显著的缺点：不可避免的复杂的能量传递及较强的上转换效应，使得实际用于产生激光的泵浦能量较少，能量转换效率不高；在调 Q 脉冲运转时最大提取效率只有 50%（敏化离子最多只能向 Ho 离子传递 50% 的能量）等等。因此，共掺晶体不是在常温下获得高功率、高效率和高光束质量的 2.1 μm 激光的理想方案。

Ho:LuAG 激光器可以通过 1.9 μm 的半导体激光器[3,10]，掺 Tm³⁺ 固体激光器[2,11]或者掺 Tm 光纤激光器[12-13]直接泵浦实现高效激光输出。直接泵浦单掺 Ho 激光器的 1.9 μm 波长 LD 发明较晚且价格昂贵,其激光性能(包括光谱带宽、波长温漂、最大功率、亮度和电光效率等)远远不能满足要求的情况下,以 Tm 固体激光器和光纤激光器作为泵浦源的 Ho 激光系统是实现数百瓦以上高功率和高能脉冲激光输出的最可靠方案。2009 年,哈尔滨工业大学段小明等报道了 Tm:YLF 固体激光器共振泵浦的 Ho:LuAG 激光器,最大连续输出功率为 10.2 W,激光发射中心波长为 2.1 μm,声光调 Q 运转下,10 kHz 重频平均输出功率为 9.9 W,脉宽为 33 ns[4]。2011 年,N. P. Barnes 等采用掺 Tm 光纤激光器共振泵浦 Ho:LuAG 晶体,产生了 0.55 W 激光振荡,斜效率为 37%[12]。2013 年,江苏师范大学赵婷等报道了高功率的掺 Tm 光纤激光器泵浦的 Ho:LuAG 激光器,连续输出功率提高到了 18 W,中心波长为 2 124.5 nm,斜效率为 53.4%[13]。同年,江苏师范大学的杨浩等成功制备了 Ho:LuAG 透明陶瓷,并成功实现了激光运转[14],2014 年,使用 Tm 光纤激光器作为泵浦源,在 500 Hz 声光调 Q 运转时获得脉宽为 21 ns,光束质量 M^2 因子约为 1.2[15]。

　　Tm 激光器直接泵浦 Ho 激光系统需要选取合适的掺 Tm 基质材料使其发射波长恰好位于 Ho:LuAG 的吸收峰以得到最大的泵浦吸收率,或者采用外部光谱调谐元件对 Tm 激光器进行波长选择和锁定,这在一定程度上增加了激光系统整体的复杂性。另一种 Tm 激光器泵浦 Ho 系统的方式是腔内泵浦方式,腔内泵浦就是通过半导体激光器泵浦的第一个增益介质产生的激光作为第二个增益介质的泵浦光,使第二个增益介质对第一个增益介质发射出的激光有一定的吸收(即使吸收很少),由于腔内功率密度较大,所以小的吸收效率也可以获得一个较高功率的吸收。当某些工作物质缺少合适的泵浦源时,腔内泵浦是行之有效的方案,这种泵浦方式克服了共掺系统中不利的上转换效应及其较强的温度敏感性,同时增加了目标激光材料对泵浦光的吸收效率。

　　腔内泵浦是由美国人 R. C. Stoneman 和 L. Esterowitz 在 1992 年首次提出[16],他们将 Tm:YAG 和 Ho:YAG 并排放置在最简单的两镜腔结构中,由 LD 直接泵浦 Tm:YAG 产生的 2.015 μm 激光在腔内泵浦 Ho:YAG 晶体,获得了 120 mW 的 2.09 μm 的 Ho:YAG 激光,斜效率为 42%。

　　1998 年,南安普敦大学光电研究中心 C. Bolling 等报道了的最大输出功率为 2.1 W 的腔内泵浦 Ho:YAG 激光器,实验装置如图 5-1 所示。Tm:YAG 掺杂 7%,长度 5 mm,Ho:YAG 掺杂 0.6%,长度 10 mm,谐振腔所用输入镜为平凸镜,输出镜为平凹镜对 2.1 μm 激光的透过率为 10%,对 1.9~2 μm 激光高反。从半导体激光器到 Ho 激光器的转换效率为 25%[17]。2006 年,该中心 S. So 等采用 Tm:YLF 板条激光器侧面泵浦 Ho:YAG 板条晶体,获得 14 W 的连续输出功率,对应于入射的半导体激光功率的斜效率为 16%[18]。

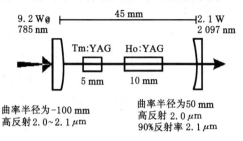

图 5-1　Tm∶YAG 腔内泵浦 Ho∶YAG 实验装置图[17]

大部分 Ho 材料的吸收峰都在 1.9~2 μm 处,是 Ho^{3+} 基态 $^5I_8$ 向激发态 $^5I_7$ 能级跃迁产生,多个 Stark 子能级之间的跃迁使其具有多个分立的强弱不一的吸收峰,形成较宽范围的吸收谱。Ho∶LuAG 透明陶瓷与 Ho∶YAG 类似,最高吸收峰在 1.90 μm 附近,当缺少该波长的泵浦源时,采用 Tm∶YAG 或者 Tm∶YLF 作为腔内泵浦的第一个增益介质产生 2 μm 附近的波长可以作为第二个增益介质 Ho∶LuAG 透明陶瓷的泵浦源。

5.2　Ho∶LuAG 透明陶瓷的光谱性质

实验中所用的 Ho∶LuAG 透明陶瓷由江苏师范大学提供,陶瓷样品的透射率曲线如图 5-2 所示,所用样品两个表面均镜面抛光,掺杂浓度为 1 at.%,厚度为 3 mm,插图为 Ho∶LuAG 和 Ho∶YAG 透明陶瓷样品。Ho∶LuAG 在 2 500 nm 的透射率达到了 84%,并在可见光和紫外光区域没有明显下降,与纯 LuAG 晶体的理论透射率几乎没有什么差异,少量掺杂稀土激活 Ho 离子对材料的物理和化学属性影响极小,这表明制备的 Ho∶LuAG 透明陶瓷中几乎不存在散射中心,光学均匀性非常理想,这与扫描电子显微镜的显示结果一致(见图 5-3)。从图中可以看出,Ho∶LuAG 的平均晶粒尺寸为 10 μm,微观结构中没有出现晶粒间相和残余气孔等缺陷。

透明陶瓷的吸收光谱采用 VARINA 公司的 Cary-5000 型 UV-Vis-NIR 分光光度计进行测量。图 5-4 表示掺 Ho^{3+} 离子浓度为 1.0 at.% 的 Ho∶LuAG 陶瓷样品的吸收光谱。在 1 800~2 200 nm 波长范围内,Ho∶LuAG 与 Ho∶YAG 有相似的吸收特性,Ho∶LuAG 的最强吸收峰分别是 1 906 nm,相对应的吸收系数是 0.88 cm^{-1},对应于 Tm∶YAG 透明陶瓷的发射峰 2 014 nm 处的吸收系数为 0.14 cm^{-1},通过以下公式可以由吸收系数算得 Ho∶LuAG 陶瓷的吸收截面:

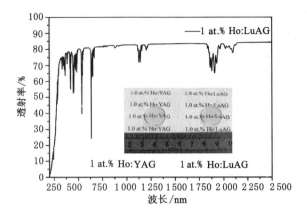

图 5-2　1 at.％ Ho:LuAG 陶瓷样品的透射率曲线

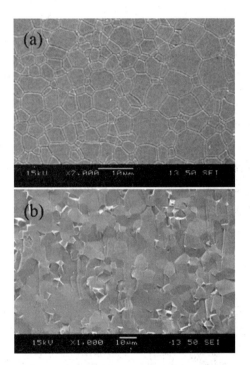

图 5-3　Ho:LuAG 透明陶瓷在扫描电子显微镜下的微结构

$$\sigma_a = \frac{\alpha_a}{N} \tag{5.1}$$

$$N = \frac{\varrho N_A}{M} C_s \tag{5.2}$$

式中，α_a 是吸收系数；N 是掺 Ho^{3+} 离子浓度；N_A 是阿伏伽德罗常数；M 是相对原子质量；ρ 是密度；C_s 是物质的量浓度。通过计算可得，$Ho:LuAG$ 陶瓷在 1 906 nm 波长的吸收截面是 $0.62×10^{-20}$ cm²，在 2 014 nm 波长处的吸收截面是 $0.1×10^{-20}$ cm²。

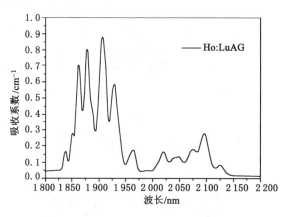

图 5-4 1 at. ‰ Ho:LuAG 陶瓷样品的吸收光谱

　　图 5-5 描述的是 1 at. ‰ Ho:LuAG 透明陶瓷的荧光发射光谱。图中所示的 Ho:LuAG 透明陶瓷的荧光谱覆盖了 1 800～2 200 nm 的波长范围，它的最强荧光发射峰在 2 097 nm 处，发射光谱的谱形十分平滑，有利于超短脉冲产生。结合 Ho:LuAG 的吸收光谱和荧光光谱发现，两者有部分重叠，Ho:LuAG 陶瓷在发射峰 2 097 nm 处有一定的吸收，吸收系数为 0.25 cm⁻¹，则这种自吸收作用会使激光器的受激辐射跃迁过程受到影响，减小了激光器在 2 097 nm 波长的有效增益，增加了系统的阈值与损耗；且随着掺杂浓度的提高，这种作用会愈来增

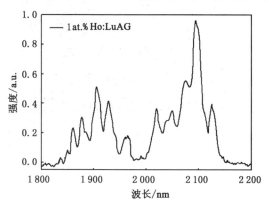

图 5-5 1 at. ‰ Ho:LuAG 透明陶瓷的荧光发射光谱

强。因此，Ho：LuAG 材料用作增益介质的时候，不宜选择太高的浓度，
1.0～2.0 at.％是比较合适的选择。

5.3　自由运转腔内泵浦 Ho：LuAG 透明陶瓷激光器

5.3.1　实验设计及装置描述

（1）Tm：YAG 透明陶瓷泵浦源

半导体泵浦源是光纤耦合输出的半导体激光器，中心波长为 790 nm，具体
参数见第 2 章。光纤输出端与光纤耦合头相连，通过准直和聚焦透镜组件将激
光光斑按照一定比例成像，光纤耦合头的输入端是标准 SMA905 接头，透镜组
镀有 800 nm 附近增透膜。实验中所用耦合头的成像比例为 1∶1，透镜组焦距
为 50 mm。Tm：YAG 透明陶瓷掺杂浓度为 4 at.％和 6 at.％，陶瓷样品长度分
别为 14.5 mm 和 9.8 mm。设置 LD 的工作温度为 15 ℃，通过改变 LD 的驱动
电流，使不同功率的泵浦光经过 Tm：YAG 透明陶瓷，从另一端测量透过的功
率，确定 Tm：YAG 透明陶瓷对泵浦光的吸收情况。在泵浦功率从 0～2 W 的测
量过程中，没有出现吸收漂白现象，由于 LD 的出射光谱的中心波长随着驱动电
流的增加会向长波长方向漂移，在此过程中，波长逐渐向 Tm：YAG 的吸收峰
785.6 nm 靠近，所以 Tm：YAG 的吸收效率在逐渐增加，由最初的 63％增加到
90％，并保持在 90％左右，如图 5-6 所示。要使腔内泵浦 Ho：LuAG 激光器获得
较高的激光效率，则需要 Tm：YAG 激光器具有较低的谐振腔损耗，较高的激光
输出。

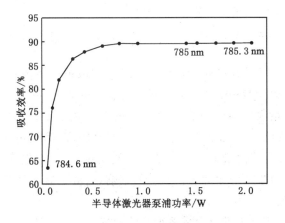

图 5-6　Tm：YAG 透明陶瓷的单程吸收效率

　　Tm：YAG 激光器仍采用最简单的、低损耗的两镜腔结构,输出镜分别选用平面镜和曲率半径为 100 mm 的曲率镜,输出镜透过率为 5％,谐振腔腔长为 30 mm。Tm：YAG 激光器的输出功率与入射泵浦功率的关系曲线如图 5-7 所示。经过优化,4 at.％掺杂的 Tm：YAG 透明陶瓷在两种谐振腔结构中均获得较高的激光输出,阈值泵浦功率为 1.52 W,在平凹腔结构中,当 LD 泵浦功率为 22 W 时,4 at.％的 Tm：YAG 陶瓷获得了 3.78 W 的连续输出,相对于入射泵浦光的斜效率为 17.2％,6 at.％的 Tm：YAG 陶瓷的最大输出功率为 3.57 W,相对于入射泵浦光的斜效率为 14.7％。图中的插图是 Tm：YAG 透明陶瓷激光器的发射光谱,波长为 2 014 nm,线宽约为 0.07 nm。从输入输出曲线可以看出,当入射泵浦功率大于 11 W 时,输出功率发生饱和,这主要是由于 LD 泵浦波长的漂移使偏离 Tm：YAG 的吸收峰造成吸收效率下降,另一个原因是泵浦功率增加过程中伴随的增强的热透镜效应的影响,这在高浓度 6 at.％掺杂的 Tm：YAG 更明显。

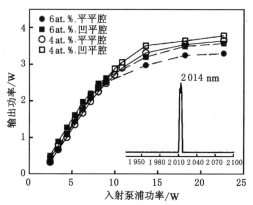

图 5-7　Tm：YAG 激光器的输出功率与入射泵浦功率的关系曲线(插图是发射光谱)

　　对于高功率 LD 端面泵浦的固体激光器,热透镜焦距随着泵浦光束腰半径的增大而增大,为了减小热透镜效应对输出特性的影响,可以在满足模式匹配的前提下,适当地增大泵浦光斑尺寸,减小增益介质内的最高温度和热不均匀性,减轻热效应的影响。同时也要保证一定的斜效率,泵浦光斑尺寸也不宜过大。选择合适的泵浦光光斑既要考虑到泵浦光的功率密度,泵浦光光斑与振荡光斑的模式匹配,同时也要考虑热透镜效应的影响,这对于提高激光器的输出效率有重要的实用意义。

　　实验中采用不同的准直聚焦系统来改变聚焦到 Tm：YAG 透明陶瓷中心的泵浦光斑尺寸,采用的准直透镜的焦距为 30 mm,聚焦透镜的焦距分别为 75

mm 和 100 mm,光纤耦合输出的泵浦光分别经过这两个望远镜系统变换后聚焦到 Tm:YAG 陶瓷内部的光斑半径分别约为 250 μm 和 333 μm。激光器系统采用平平腔结构,腔长保持在 30 mm,输出镜透过率为 5%。Tm:YAG 陶瓷的掺杂浓度为 4 at.%,长度为 6 mm。不同泵浦光斑尺寸对应的输出特性如图 5-8 所示。当 LD 尾纤只接有 1∶1(焦距为 50 mm)的准直聚焦耦合头而没有在外部增加望远镜系统,泵浦光斑半径为 100 μm 时,Tm:YAG 激光器最先达到阈值,阈值泵浦功率为 1.91 W,这是由于较小的泵浦光斑对应于较大的功率密度,激光介质的增益增加,泵浦阈值降低,在泵浦功率小于 11 W 时,激光器未出现饱和现象,此时相对于入射泵浦功率的斜效率为 34.3%,当泵浦功率继续增加至 12.8 W,激光器的输出功率出现了饱和现象,斜效率下降到 19.2%。采用 $f=30$ mm,$f=75$ mm 的放大系统将泵浦光斑扩大至 250 μm 半径后,泵浦阈值增加到 2.45 W,在泵浦光功率增加到 17.2 W 时,激光器出现饱和,相对于入射泵浦功率的斜效率为 23.2%。将泵浦光束进一步扩束至半径为 333 μm,泵浦阈值约为 4.15 W,在最大泵浦 21.4 W 时仍未发现明显的饱和现象,此时的斜效率为 26.2%,在此情况下继续提高泵浦功率,激光器的输出特性如图 5-9 所示。当最大泵浦功率为 29.7 W 时,输出功率为 5.43 W,相对于入射泵浦功率的斜效率为 22.4%,输出功率曲线出现饱和的趋势。

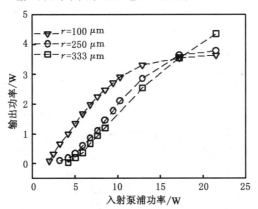

图 5-8 不同泵浦光斑尺寸对应的输出特性

(2) 腔内泵浦 Ho:LuAG 实验装置

腔内泵浦 Ho:LuAG 激光器的实验装置如图 5-10 所示。输入耦合镜(M$_1$)是平面镜或曲率半径为 100 mm 的平凹镜,镀膜在泵浦波长范围(760~810 nm)高透射($T>99\%$),在 Tm:YAG 和 Ho:LuAG 的激光波长处(1 900~2 150 nm)高反射($R>99.6\%$);耦合输出镜(M$_2$)是平面镜,膜层在 Tm:YAG 的激光

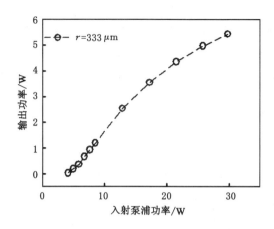

图 5-9　泵浦光斑半径 333 μm 时 Tm:YAG 激光器的输出特性

波长 2 014 nm 处高反射($R>99.5\%$),在 Ho:LuAG 的激光波长 2.1 μm 处的透过率为 8%。整个谐振腔的物理长度为 40 mm。Ho:LuAG 透明陶瓷的掺杂浓度为 1 at.%,尺寸为 3 mm×3 mm×5 mm,实验过程中,Tm:YAG 和 Ho:LuAG 透明陶瓷分别通过银箔包裹固定在两个靠近放置的铜热沉块上,循环水的温度控制在 15 ℃以确保有效的热耗散。M_3 对泵浦光高透,激光高反,将输出的信号光与未被完全吸收的泵浦光分开,信号光经 M_3 反射进入功率计测量,剩余的泵浦光直接透过 M_3。

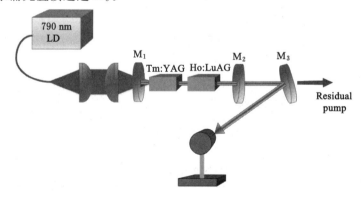

图 5-10　腔内泵浦 Ho:LuAG 激光器的实验装置图

图 5-11 是 Ho:LuAG 的吸收谱和 Tm:YAG 的荧光谱,Ho:LuAG 在 2 014 nm 波长处的吸收系数为 0.14 cm^{-1},5 mm Ho:LuAG 的单程吸收效率约为 7%,谐振腔的腔镜对 Tm:YAG 发射的 2 014 nm 激光高反射率($R>99.5\%$)减

小了谐振腔的反射损耗,则 Ho：LuAG 对 Tm：YAG 的吸收是 Tm 激光系统的主要损耗。实验开始前,先将 Tm：YAG 激光器输出的激光聚焦到 Ho：LuAG 上,焦点处光斑半径为 100 μm,在腔外非激光状态下,测量 Ho：LuAG 样品单次通过 Tm：YAG 激光器的吸收效率。从图 5-12 可以看出,无激光辐射时,Ho：LuAG 单程吸收效率随着泵浦光的增强而逐渐降低,在泵浦光功率很小(20 mW)时,吸收效率为 7.65%,当泵浦光功率增加到 360 mW 时,由于基态漂白效应,吸收效率降低到 6.4%。测量的单程吸收效率和经吸收系数推算得到的吸收效率相吻合。

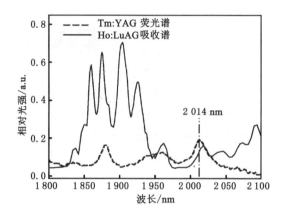

图 5-11 Ho：LuAG 的吸收谱和 Tm：YAG 的荧光谱

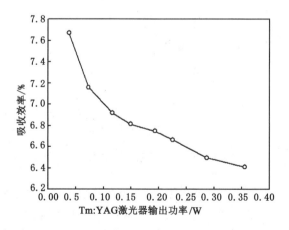

图 5-12 Ho：LuAG 透明陶瓷对 Tm：YAG 激光的单程吸收效率

5.3.2 实验结果及分析

Ho:LuAG 激光器输出功率曲线如图 5-13 所示。平平腔结构因其光束方向性好,模体积较大,输出功率均高于凹平腔结构。在采用 4 at.％ Tm:YAG 透明陶瓷作为腔内泵浦源的系统中,Ho:LuAG 激光器首先达到激光振荡阈值,此时的 LD 泵浦功率为 3 W,随着泵浦功率逐渐增加到 14.2 W,最大输出功率为 1.15 W,相对于入射泵浦光的斜效率为 10.3％,当换成 6 at.％ Tm:YAG 陶瓷时,激光性能略有下降,谐振腔的振荡阈值为 3.4 W,最大输出功率为 1.019 W,相对于入射泵浦光的斜效率为 9.4％。从图中可以看出,在泵浦光增加到 12 W 左右时,两个激光器系统都出现了不同程度的饱和,使用 6 at.％ Tm:YAG 陶瓷的激光器较为明显,我们认为造成这种现象的主要原因是 LD 发射波长中心随着泵浦功率增加而漂移;在 LD 的泵浦功率为 10 W 时,输出波长恰好位于 Tm:YAG 的吸收峰,继续增加驱动电流则偏离该吸收峰,使 Tm:YAG 陶瓷的吸收减小,Tm:YAG 激光器产生的 2 μm 激光下降,则腔内泵浦系统的整体效率下降,同时也使陶瓷材料上的热负荷增加,掺杂浓度高的热沉积相比之下更为严重,则输出功率饱和现象也更明显。另一个可能的原因是随着泵浦功率的增加,热焦距减小,热透镜效应严重。

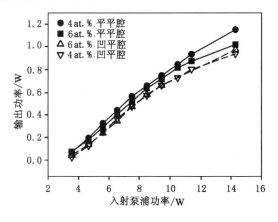

图 5-13　Ho:LuAG 激光器输出功率曲线

LD 尾纤输出的泵浦光经过焦距为 30 mm 的准直透镜和焦距为 100 mm 的聚焦透镜组成的透镜系统变换后聚焦到 Tm:YAG 透明陶瓷中心的光斑半径约为 333 μm,两块陶瓷样品靠近放置,光斑半径相差不大。用平平腔结构重复腔内泵浦 Ho:LuAG 实验,当 LD 光功率达到 5.9 W 时,谐振腔才开始振荡,在 LD 功率为 34.7 W 时,最大输出功率为 1.07 W,如图 5-14 所示。一般情况下,随着泵浦光束平均半径的增加,热焦距越大,热透镜效应越弱,从实验结果中也可得到一些相似的推论,当泵浦光束光斑扩大后,激光器的饱和出现在泵浦功率超过 14.2 W 之后,高于较小泵浦光斑的情况,而此处的饱和更有可能是由于 LD 的波长漂移所导致。

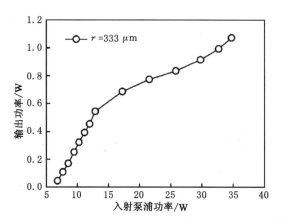

图 5-14　泵浦光扩束后的 Ho:LuAG 激光器的输出功率曲线

Ho:LuAG 陶瓷的发射光谱通过光谱仪(AQ6375,Yokogawa)测量,在 2 μm 处的分辨率为 0.1 nm。图 5-15 为掺杂浓度为 1 at.% 的样品在输出功率为 1.15 W 时的发射光谱,激光发射光谱的中心波长在 2 094 nm。激光器的光束质量由 NanoScan 光束质量分析仪测得,M^2 为 1.8,图 5-15 中的插图是 Ho:LuAG 激光器输出激光的光斑形状。

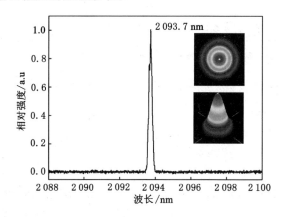

图 5-15　Ho:LuAG 激光器输出光谱(插图为输出光斑 2D/3D 形貌)

　　Tm:YAG 陶瓷腔内泵浦 Ho:LuAG 陶瓷激光器呈现出脉冲运转模式,与 Tm:YLF 作为腔内泵浦源泵浦 Ho:YAG 相类似[19],而与 Tm:YAG 腔内泵浦 Ho:YAG 的连续运转不同[16,19]。典型的时序波形如图 5-16 所示,脉冲特性用快速 InGaAs PIN 探测器探测,并用带宽为 1 GHz 的示波器记录。在平均输出功率较小为 211 mW 时,FWHM 脉宽为 411 ns,输出功率增加后,脉宽逐渐减小,在输出 300 mW 时,脉宽为 190 ns。相邻脉冲间的时间间隔不稳定,低功率时的平均重频为 42 kHz,功率升高后的重频为 18 kHz。脉冲运转可能是由于 Ho:LuAG 在腔内作为 Tm:YAG 激光器的可饱和吸收体,对 Tm:YAG 激光器被动调 Q,所得到的脉冲运转 Tm:YAG 激光器泵浦 Ho:LuAG,使其也处于脉冲运转模式。当将 Ho:LuAG 透明陶瓷从谐振腔中移出,采用 Tm:YAG 的输出耦合镜,Tm:YAG 激光器工作在连续模式,如图 5-17 所示。

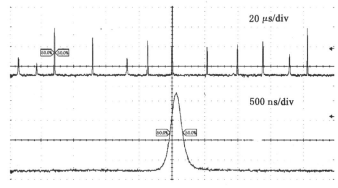

图 5-16　腔内泵浦 Ho:LuAG 陶瓷激光器的时序波形

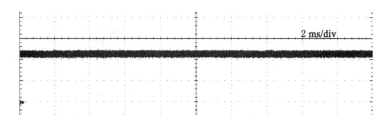

图 5-17　Tm:YAG 陶瓷激光器的时序波形

5.4　声光调 Q 腔内泵浦 Ho:LuAG 激光器

　　声光调 Q 腔内泵浦 Ho:LuAG 激光器的实验装置如图 5-18 所示,LD 的泵浦光经透镜组扩束后光斑半径为 333 μm,增益介质仍是上一节所用的 Tm:

YAG 和 Ho:LuAG 透明陶瓷,声光 Q 开关晶体采用熔融石英并镀有 2 μm 宽带增透膜($T=99.6\%@2.1\ \mu m$),声光晶体的长度是 60 mm,有效孔径为 2.0 mm(Gooch & Housego Ltd),在 27.12 MHz 的 100 W 射频功率驱动下,声光晶体的衍射效率大于 85%。谐振腔的输入镜是对泵浦光高透、对激光高反的凹面镜,曲率半径为 300 mm;输出镜为曲面镜,曲率半径为 800 mm,对 2 015 nm 高反,2.1 μm 透过率为 8%。谐振腔的总长度为 130 mm,求得增益介质处的激光光斑半径为 340 μm,在声光 Q 开关处的平均光斑半径为 325 μm。

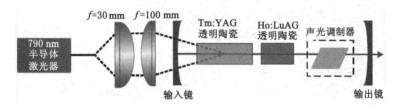

图 5-18　声光调 Q 腔内泵浦 Ho:LuAG 激光器的实验装置图

在重频为 1 kHz 时,激光器的振荡阈值为 11 W,在最高功率为 24 W 时,最高平均输出功率为 300 mW,输出功率曲线如图 5-19 所示。图 5-20 是最高输出功率下的脉冲序列及单脉冲图形,此时的脉宽为 166 ns。当平均输出功率小于 50 mW 时输出脉冲序列抖动幅度较大,当平均功率逐渐升高,脉冲序列也渐渐趋于稳定。输出光谱由光谱仪(AQ6375,Yokogawa)测得,中心发射波长为 2 094 nm。

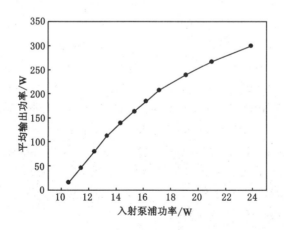

图 5-19　1 kHz 重频下的输出功率曲线

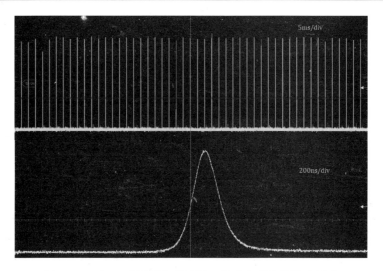

图 5-20　1 kHz 重频下典型的调 Q 脉冲序列和单脉冲图形

参考文献

[1] 朱菁,施虹敏,张美珏,等. Ho：YAG 激光在临床各科的应用[J].应用激光,
2003,23(3):174-174.

[2] KABALIN J N. Holmium：YAG laser prostatectomy canine feasibility
study[J]. Lasers in surgery and medicine,1996,18(3):221-224.

[3] HART D W,JANI M,BARNES N P. Room-temperature lasing of end-
pumped Ho：$Lu_3Al_5O_{12}$[J]. Optics letters,1996,21(10):728-730.

[4] DUAN X,YAO B,LI G,et al. High efficient actively Q-switched Ho：
LuAG laser[J]. Optics express,2009,17(24):21691-21697.

[5] YAO B Q,DUAN X M,KE L,et al. Q-switched operation of an in-band-
pumped Ho：LuAG laser with kilohertz pulse repetition frequency[J].
Applied physics B,2010,98(2-3):311-315.

[6] JOHNSON L F,GEUSIC J E,VAN UITERT L G. Coherent oscillations
from Tm^{3+},Ho^{3+},and Er^{3+} ions in yttrium aluminum garnet[J]. Applied
physics letters,1971,19(4):119-121.

[7] CHICKLIS E P,NAIMAN C S,FOLWEILE R C,et al. High-efficiency
room-temperature 2.06 μm laser using sensitized Ho^{3+}-YLF[J]. Applied
physics letters,1971,19(4):120-121.

[8] FAN T Y, MITZSCHERLICH P, HUBER G, et al. Continuous-wave operation at 2. 1 μm of a diode-laser-pumped, Tm-sensitized Ho: $Y_3Al_5O_{12}$ laser at 300 K[J]. Optics letters,1987,12(9):678-680.

[9] ROTHACHER T, LÜTHY W, WEBER H P. Diode pumping and laser properties of Yb:Ho:YAG[J]. Optics communications,1998,155(1):68-72.

[10] BARNES N P, AMZAJERDIAN F, REICHLE D J, et al. 1. 88 μm InGaAsP pumped,room temperature Ho:LuAG laser[C]//Conference on Lasers and Electro-Optics,The Optical Society of America,2009:CWH4.

[11] PATEL D N,REDDY B R,NASH-STEVENSON S K. Spectroscopic and two-photon upconversion studies of Ho^{3+}-doped $Lu_3Al_5O_{12}$ [J]. Optical materials,1998,10(3):225-234.

[12] BARNES N P,CLARKSON W A,HANNA D C,et al. Tm: glass fiber laser pumping Ho:YAG and Ho:LuAG[C]//Conference on Lasers and Electro-Optics,2001:530-531.

[13] ZHAO T,SHEN D Y,CHEN H,et al. Tm:fiber laser in-band pumped Ho:LuAG laser with over 18 W output at 2124. 5 nm[J]. Laser physics, 2011,21(11):1851-1854.

[14] YANG H, ZHANG J, LUO D, et al. Optical properties and laser performance of Ho:LuAG ceramics[J]. Physica status solidi (c),2013,10 (6):903-906.

[15] ZHAO T,WANG Y,SHEN D,et al. Continuous-wave and Q-switched operation of a resonantly pumped polycrystalline ceramic Ho:LuAG laser [J]. Optics express,2014,22(16):19014-19020.

[16] STONEMAN R C,ESTEROWITZ L. Intracavity-pumped 2. 09 μm Ho: YAG laser[J]. Optics letters,1992,17(10):736-738.

[17] BOLLIG C,HAYWARD R A,CLARKSON W A,et al. 2-W Ho:YAG laser intracavity pumped by a diode-pumped Tm:YAG laser[J]. Optics letters,1998,23(22):1757-1759.

[18] SO S,MACKENZIE J I,SHEPHERD D P,et al. Intra-cavity side-pumped Ho:YAG laser[J]. Optics express,2006,14(22):10481-10487.

[19] SCHELLHORN M,HIRTH A,KIELECK C. Ho:YAG laser intracavity pumped by a diode-pumped Tm:YLF laser[J]. Optics letters,2003,28 (20):1933-1935.

第6章 超短脉冲掺铥陶瓷激光器

与常规激光相比,超短脉冲激光具有两个显著特征:① 脉冲持续时间极短[常用的超短脉冲激光宽度为皮秒(10^{-12} s)到飞秒(10^{-15} s)量级,目前最短的已到 67 阿秒(10^{-18} s)],作为一种揭示客观世界超快现象的重要手段,广泛应用于生物学、化学、激光光谱学等研究中;② 激光峰值功率极高,超短脉冲激光由于极短的脉宽,对应着高的峰值功率。利用所谓的啁啾脉冲激光放大(CPA)技术,目前人们在普通的实验室里已经实现了大于 1 拍瓦(PW,10^{15} W)的峰值功率,为激光与物质相互作用的研究提供了具有重要创新能力的平台工具。实现超短脉冲激光输出,通常需要采用锁模激光技术。在过去三十多年的时间里,超短脉冲激光技术经历了碰撞脉冲锁模染料激光(CPM)、附加脉冲锁模(耦合腔锁模 APM/CCM)激光、克尔透镜锁模钛宝石激光(KLM)及二极管泵浦全固态锁模激光(包括光纤激光)等重要阶段。在采用上述技术实现锁模的各类激光中,钛宝石激光由于具有超宽的调谐光谱及优异的物理与光学性能,称为迄今为止研究最多、使用最广泛的超强激光。但是钛宝石激光器结构复杂、成本昂贵,限制了它在更多领域的应用。自 20 世纪 80 年代以来,由于激光二极管在功率、效率、寿命、尺寸、性能等方面不断进步,同时随着不同稀土元素、过渡元素掺杂激光晶体生长技术的成熟,采用激光二极管直接泵浦的全固体激光器得到了飞速发展,目前输出平均功率已达到万瓦量级,输出波长涵盖了近中红外波段。结合先进的锁模技术,也在许多种类的激光介质中实现了稳定的锁模运转,在输出脉宽、功率、波长等参数中成为钛宝石激光器的有益补充,甚至若干技术参数优于钛宝石激光器。二极管泵浦的新型全固态超短脉冲激光器种类众多,激光参数丰富,是当前超快激光技术领域的研究热点。本章基于近年来在全固态锁模激光方面的研究进展,总结了若干新型稀土掺杂晶体作为增益介质的全固态的模激光的实验结果。利用这些新型激光介质,开发出新一代性能优异的全固态锁模激光器,有望在众多领域得到广泛应用。

常见的 2 μm 超短脉冲激光光源有:① 铥激光器;② Tm/Ho 共掺激光器;③ 拉曼频移掺 Er 光纤激光器。半导体激光器也是一类非常有潜力的 2 μm 波段的超短脉冲光源,利用增益开关或其他方法可以产生超短脉冲输出,虽然功率水平不高,但是可以作为 2 μm 高功率的种子源。其中,铥锁模激光器的激光发射波长就处于 2 μm 波段,结构上比较简单,而且很大程度上避免了 Tm/Ho 体系所出现的能量转移上转换过程,因此,铥激光材料在 $2~\mu m$ 超短脉冲产生与放大研究中得到了更为广泛的关注。与固体锁模激光相比,自由运转的光纤锁模激光的平均功率只有几毫瓦,而固体锁模激光的平均功率则达到了几百毫瓦,同时固体锁模激光的脉冲重复频率是光纤锁模激光重复频率的几倍,通常固体锁模脉冲能量比光纤锁模脉冲能量高两个量级。表 6-1 给出了文献中各类脉冲激光产生方案对应的平均功率与脉冲能量范围。

表 6-1　　各类脉冲激光产生方案对应的平均功率与脉冲能量范围

$2~\mu m$ 超短脉冲光源	平均功率	脉冲能量
自由运转锁模光纤激光器	$1\sim20$ mW	$20\sim500$ pJ
色散管理锁模光纤激光器	$10\sim200$ mW	$170\sim4.3$ nJ
固体锁模激光器	$100\sim1\,000$ mW	几个 nJ
MOPA 结构的光纤激光器	瓦级	$30\sim50~\mu J$

6.1　固体增益介质产生超短脉冲激光的原理与技术

6.1.1　锁模的一般原理

为了产生脉宽为皮秒到飞秒的超短激光脉冲,人们通常需要采用锁模的技术。顾名思义,"锁模"就是将两个及两个以上的激光模式(纵模)通过某种方式锁定起来,使之发生关联,即相位锁定。一般情况下,激光振荡器中存在的不同激光模式是相互独立的,其相位也是不相干的,所以激光器的输出光强等于各个激光模式的光强之和。当不同激光模式的相位锁定之后,其总光强就不是简单的强度叠加,而是振幅叠加,因此总输出光强随着相干的激光模式数量增加而呈平方关系增强。从时间域的角度考虑,多个模式的相位锁定导致产生一个与纵模光谱宽度成反比的光脉冲,而且光谱宽度越宽,所能得到的脉宽就越窄,并满足傅立叶变换的变换原理。锁模一般可以分为主动锁模、被动锁模、克尔透镜锁模和同步锁模等,实际上克尔透镜锁模也是一种被动锁模。受限于篇幅,本章主要介绍半导体可饱和吸收被动锁模、克尔透镜锁模和耗散孤子锁模的基本原理和技术。

6.1.2　半导体可饱和吸收被动锁模

被动锁模类似于被动调 Q,它是利用光学材料的可饱和吸收性质实现的。

在激光器内,当光强较弱时,可饱和吸收体的吸收损耗较大;而当光强很强时,饱和吸收导致可饱和吸收体的吸收损耗较小。这样,激光腔内低强度的光被可饱和吸收体吸收,而高强度的光被吸收相对较小,经过往复通过吸收体,最终获得超短脉冲。由半导体外延技术发展而来的基于半导体量子阱材料的可饱和吸收体由于其稳定性好、参数灵活可变等优点,自 1992 年发明以来,受到了人们的广泛关注,成为最流行的被动锁模器件之一。虽然半导体可饱和吸收体的典型恢复时间为 100 fs~100 ps,但由于孤子锁模机制,可以直接从振荡器中产生小于 10 fs 的脉宽。同克尔透镜锁模相比,半导体可饱和吸收体锁模技术对谐振腔的要求不那么苛刻,激光器的设计相对简单、灵活,并且可以实现自启动和长时间稳定锁模。因此,目前已经产业化的锁模激光器有许多采用半导体可饱和吸收体锁模技术。

半导体可饱和吸收体分为透射式和反射式两种工作模式,其工作原理一样,本小节着重介绍使用较广泛的反射式半导体可饱和吸收镜(SESAM)。SESAM 主要由一个提供高反射率的分布式布拉格反射镜(distributed Bragg reflector,DBR)和一个可饱和吸收体组成,其结构如图 6-1(a)所示。

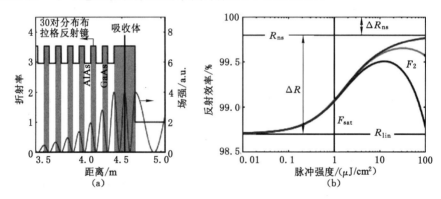

图 6-1　半导体可饱和吸收体结构及非线性响应示意图
(a) 半导体可饱和吸收体结构;(b) 非线性响应示意图

这种结构的半导体可饱和吸收镜的反射率公式如下:

$$R(F)=R_{\mathrm{ns}}\frac{\ln[1+(R_{\mathrm{lin}}/R_{\mathrm{ns}})(\mathrm{e}^{F/F_{\mathrm{sat}}}-1)]}{F/F_{\mathrm{sat}}} \tag{6.1}$$

式中,R 为当能流密度为 F 时半导体可饱和吸收镜的反射率;R_{ns} 为半导体可饱和吸收镜在完全饱和时的反射率;R_{lin} 为半导体可饱和吸收镜在完全未饱和时的反射率;$\Delta R=R_{\mathrm{ns}}-R_{\mathrm{lin}}$ 为调制深度;$\Delta R_{\mathrm{ns}}=1-R_{\mathrm{ns}}$ 为非饱和损耗;F_{sat} 为饱和能流密度,为反射率从未饱和处上升到 $1/e$ 调制深度时能流密度的值。通过这个公式,可以得到可饱和吸收体能流密度与反射率之间的关系曲线,如图 6-1(b)所示。

虽然半导体可饱和吸收镜可以得到稳定的自启动锁模脉冲,但是由于固体激光器增益介质较长的上能级寿命和较小的激光发射截面,很容易出现调 Q 锁模运转。在这种情况下,锁模脉冲会受到一个大的调 Q 包络的调制,在靠近调 Q 包络峰值处的脉冲峰值功率远大于连续锁模脉冲的峰值功率,如图 6-2(b)所示,很容易导致激光腔内光学元件尤其是可饱和吸收体的损坏。Honninger 等详细研究了调 Q 状态的抑制问题,并给出了调 Q 状态能够被抑制时所满足的条件:

$$E_p^2 > E_{sat,L} E_{sat,A} \Delta R \qquad (6.2)$$

式中,E_p 为腔内脉冲能量;$E_{sat,L}$ 为晶体饱和能量;$E_{sat,A}$ 为半导体可饱和吸收体饱和能量。可以看出在具体的实验设计时,需要根据实验具体情况采用合适参数来抑制调 Q 现象。由于半导体可饱和吸收镜的一些宏观参数可以根据需要灵活设计,这也为被动锁模实验带来了方便。

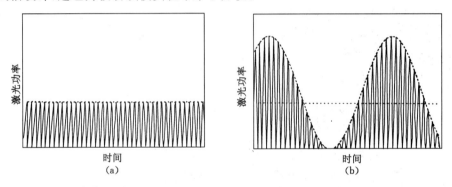

图 6-2　连续锁模状态和调 Q 锁模状态示意图

(a) 连续锁模状态;(b) 调 Q 锁模状态

6.1.3　克尔透镜锁模

克尔透镜锁模(Kerr lens mode-locking,KLM)是一种仅依靠增益介质自身的非线性克尔效应,而不需要在腔内插入任何锁模调制器件就能产生超短脉冲的锁模技术。最初在 1990 年由英国 Spence 等在钛宝石激光实验中偶然发现,腔内不需要任何可饱和吸收材料,只要轻微的振动就可以使锁模启动,起初这种锁模方式称为自锁模(self mode locking)。进一步的研究发现,自锁模是一种与光强有光的脉冲选择机制,这种机制与增益介质的三阶非线性光学克尔效应有关,因此自锁模便成为克尔透镜锁模。

所谓克尔效应,是指在强光照射下,介质的非线性折射率为光强的函数,表示为

$$n = n_0 + n_2 I(t) \tag{6.3}$$

式中,n_0 为增益介质固有的折射率;n_2 为因增益介质的非线性效应而产生的折射率,它与三阶非线性极化率有关;$I(t)$ 为激光脉冲光强。通常增益介质的非线性折射系数 n_2 为正,因此非线性折射率 n 在高激光强度处大,在低激光强度处小,从而使激光腔中的光束产生自聚焦,脉冲中高强度的部分聚焦成光斑很小的光束,而低强度的部分聚焦成的光束光斑半径比较大。当横向具有高斯分布的激光脉冲通过增益介质时,光强在中心部分比边缘部分大,对应增益介质的折射率也比边缘部分大。当光的传播方向与波前方向垂直时,增益介质等效于一个对入射光束产生聚焦作用的正高斯透镜,这种会聚作用即自聚焦效应。

当光脉冲通过具有自聚焦效应的增益介质时,如果在激光焦点附近放置光阑,可以使得光脉冲中心的高功率部分基本上完全通过光阑,而低功率的边缘部分则由于光斑半径较大,部分光被挡住而损失掉,如图 6-3 所示。当脉冲在腔内来回往返多次时,低功率部分不断损失,而高功率部分由于多次穿过增益介质不断放大,使时域中脉冲不断窄化,产生窄脉宽的锁模脉冲。

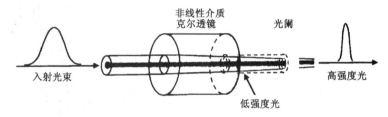

图 6-3　光脉冲在非线性增益介质中的传输示意图

由于克尔效应的响应时间极短,约为 1 fs,所以克尔非线性效应加上小孔光阑构成一个新颖的"快"包和吸收体对连续固体激光器进行被动锁模。这瞬间响应的特点也使得克尔透镜锁模可以支持短至几个飞秒的激光脉冲。与 SESAM 锁模相比,克尔透镜锁模利用的是自聚焦效应,与 SESAM 的饱和吸收效应截然不同,在谐振腔内无须加入任何调制元件,不仅结构简单,而且获得的脉宽窄,在目前的实际应用中,克尔透镜锁模是产生超短脉冲的一种重要方法。

6.1.4　耗散孤子锁模

基于各种可饱和吸收体的被动锁模技术,根据动力学过程的不同,可以分为慢饱和吸收体锁模、快饱和吸收体锁模和孤子锁模三种基本类型。传统的孤子锁模是依靠激光腔内负的群速度色散和自相位调制之间的平衡实现稳定的孤子

脉冲输出。实验表明,传统的孤子锁模激光器得到的孤子的脉宽不受可饱和吸收体的恢复时间限制,可饱和吸收体在很大程度上只是为孤子锁模提供驱动机理。经过仔细的腔型设计及合适的色散补偿可以实现脉宽远小于可饱和吸收体恢复时间的孤子脉冲(亚百飞秒)。因此,基于孤子锁模机制的飞秒激光器一直是近二十年来全固体激光器的研究重点之一。然而,传统的孤子激光器也存在固有的缺陷——即受限于孤子脉冲的量子化效应(energy quantization effect),输出脉冲的能量较低。对于传统孤子锁模激光器而言,其输出的最大脉冲能最受限于孤子面积理论(soliton area theory)。孤子面积理论指出,孤子的峰值振幅强度 A_0 以及脉冲 τ 的乘积即孤子面积 A 是一个固定值,且由腔内色散和非线性效应共同决定:

$$A = A_0\tau = \sqrt{2\frac{|D|}{\delta}} \tag{6.4}$$

式中,$\delta = 2\pi n_2 L/(\lambda A_{\text{eff}})$ 为自相位调制引起的非线性累积;L 为非线性介质长度;n_2 为非线性系数;λ 为激光波长;A_{eff} 为有效模场面积。因此,孤子的峰值功率具有极限最大值。而孤子的能量可以表示为 $W = 2|A_0|^2\tau$,所以传统孤子的脉冲能量也会受到孤子面积理论的限制。当光脉冲能量较大时会引起孤子分裂,从而形成多脉冲或脉冲塌陷。

　　为了提高全固态振荡器直接输出的脉冲能量,人们提出一种啁啾脉冲振荡器的概念,即使激光器的腔内的正色散足够大,从而产生带有强烈啁啾特性的脉冲,这种脉冲具有较大的啁啾,因此能够容忍更高的非线性累积,可以有效地避免孤子分裂等效应,实现更高能量脉冲输出。2006 年,Chong 和赵鹭明分别报道了全正色色散锁模的 Er 光纤激光器和 Yb 光纤激光器,首次报道了耗散孤子的存在。2008 年,Kalashnikov 的一篇关于啁啾脉冲振荡器的理论研究指出,啁啾脉冲振荡器存在的脉冲区别于传统孤子,称为啁啾孤子,实际上就是耗散孤子。与传统孤子不同,耗散孤子脉冲的形成,除了要满足非线性累积与色散的平衡之外,还必须满足增益与损耗的动态平衡。所谓"耗散"的物理意义即是指一个远离平衡态的非线性的开放系统通过不断地与外界交换能量和物质,在系统内部某个参量的变化达到一定的阈值时,通过涨落,系统可能发生突变即非平衡相变,由原来的混沌无序状态转变为一种在时间上、空间上或功能上的有序状态。这种在远离平衡的非线性区形成的新的稳定宏观有序结构,需要不断与外界交换物质或能量才能维持,因此称为"耗散结构"。在耗散孤子锁模的激光器中,光脉冲的形成是激光器内增益、损耗、正色散及非线性效应共同作用的结果,因此产生的脉冲称为耗放孤子脉冲。随着泵浦功率的改变,腔内的非线性效应、增益及腔内损耗会相互影响,因而耗散孤子激光器可以在大范围的参数变化内实现锁模。传统孤子一般啁啾几乎为零,脉冲波形为双曲正割型,脉宽为飞秒量级,其光谱为圆滑的包络。与此相比,耗散孤子激光器腔内具有较大的净正色散(甚至是全正色散),其光谱为边沿陡峭的矩形,脉宽为皮秒量级。随着泵浦功率的增加,耗散孤子的光谱也会随之相应的展宽。近年来,人们已在不同的工作波长如 1 μm 和 1.5 μm 附近的光纤激光器中先后实现了耗散孤子锁模,不同的锁模方式如 NPR(非线性偏振旋转)及 SESAM、石墨烯、碳纳米管、拓扑绝缘体锁模等得到了广泛的理论与实验研究。此外在 Yb^{3+} 掺杂的全固体激光器中,人们发现当腔内存在较大的净正色散时,也会得到耗散孤子锁模。

6.1.5　用于锁模激光的增益介质特性要求

用于锁模超快激光的增益介质需要满足许多条件。首先,从连续激光出发,增益介质的吸收波长应该与现有成熟的泵浦激光波长相近,而其发射波长位于人们所期望的波段。其次,为了实现高效输出,需要有较小的量子效率、无寄生振荡、大的增益系数。在高功率运转下,激光介质需要有好的热导率、弱的(甚至是负的)温度折射率系数和小的热致应力系数。此外,要求增益介质硬度高、化学性能稳定、透光范围广。对于超快激光的产生,还需要增益介质具有较宽的发射带宽,更严格地说,在一定的反转粒子数条件下,具有宽的较平滑的增益谱。掺钛蓝宝石晶体几乎完全满足上述要求,只是泵浦波长位于蓝绿波段,量子损耗较大,而且这个波段多年来没有成熟的大功率二极管激光器。近年来人们成功实现了若干稀土离子和过渡元素(Yb、Er、Tm、Ho、Cr 等)掺杂的高质量激光晶体和陶瓷的制备技术,利用这些激光增益介质,结合高功率半导体泵浦,可以实现波长在 1~2.9 μm 范围内多个波段的高功率超快激光输出,利用非线性频率变换技术,波长可以进一步扩展至 3~10 μm 的中红外波段,在许多研究领域体现出重要的应用价值。

6.1.6　色散补偿及脉冲压缩技术

色散补偿是获得傅立叶变换极限超短脉冲激光的关键。光脉冲通过色散介质时,会产生与频率相关的相移 $\varphi(\omega)$,其在中心角频率 ω_0 处的泰勒级数可以表示为

$$\varphi(\omega)=\varphi_0+\frac{\partial\varphi}{\partial\omega}(\omega-\omega_0)+\frac{1}{2}\frac{\partial^2\varphi}{\partial\omega^2}(\omega-\omega_0)^2+\frac{1}{6}\frac{\partial^3\varphi}{\partial\omega^3}(\omega-\omega_0)^3+\cdots \quad (6.5)$$

式中,$\frac{\partial\varphi}{\partial\omega}$ 为群延迟 T_g,会使脉冲在时间上延迟;$\frac{\partial^2\varphi}{\partial\omega^2}$ 为群延迟色散(GDD),会对脉冲的宽度产生影响,但不会改变脉冲的形状;$\frac{\partial^3\varphi}{\partial\omega^3}$ 为三阶色散,它会使得脉冲

产生畸变。在实验中,为了获得接近变换极限的脉宽,需要对二阶色散甚至三阶以上的高阶色散进行补偿。

常用的色散补偿元件有棱镜对、啁啾镜、Gires-Tournois 干涉镜(GTI 镜)、光栅对等。其中光栅会引入比较大的损耗,因此常用在腔外进行脉冲压缩。

1. 棱镜对

棱镜对是最常用的色散补偿元件,其结构简单、使用灵活、色散可调。棱镜对提供的二阶色散公式为

$$GDD = \frac{\lambda^3}{2\pi c^2}\left[L_g \frac{\mathrm{d}^2 n}{\mathrm{d}\lambda^2} - 4L \left(\frac{\mathrm{d}n}{\mathrm{d}\lambda}\right)^2\right] \tag{6.6}$$

式中,λ 为波长;c 为光速;L 为两棱镜顶角间的距离;L_g 为光在棱镜材料中的传播距离;n 为材料的折射率。利用不同的材料和不同的棱镜对间隔,可以实现连续可变的、不同的 GDD 值。虽然棱镜对可以很方便地补偿腔内 GDD,但是棱镜本身会引入材料色散,特别是脉宽很窄的时候,光谱宽度很宽,棱镜对有限的带宽不能在宽光谱范围内对各阶色散进行有效的补偿。

2. 啁啾镜

啁啾镜是目前锁模激光器广泛应用的色散补偿元件。其基本原理是利用电子束蒸发、磁控溅射、离子束溅射等技术在特定的集片上交替地镀上不同折射率的介质膜,不同波长的光具有不同的穿透深度,这样就可以实现不同频率成分光谱的色散延时。通过改变膜层的共振波长,在保持宽带、高反射率的同时,能够提供一定的色散量,可以实现反射镜与色散元件的统一,具有占据空间小、色散设计灵活、损耗小的特点。

3. GTI 镜

Gires-Tournois 镜(GTI 镜)是一种特殊的反射式法布里-珀罗(Fabry-Perot)干涉腔,这种干涉腔能够产生负的 GDD。GTI 镜的前后两个表面构成了一个简单的驻波谐振腔,该驻波腔的前端面部分反射,后端面反射率为 100%。整个干涉腔对激光脉冲相当于一面高反镜,但是会导致脉冲在每个自由光谱区间产生 2π 的非线性相变。GTI 镜的 GDD 值与厚度的平方 d^2 成正比,并且与前表面反射率有关,而补偿带宽与 d 成反比。同啁啾镜相比,GTI 镜的镀膜工艺相对简单,成本较低,而且单次反射提供的 GDD 量很大(能够提供几千 fs^2 的 GDD)。缺点主要是补偿带宽较窄,而且 GDD 值随波长存在较大振荡。

6.2　超短脉冲固体激光器

$2\ \mu\mathrm{m}$ 波段的飞秒超短脉冲由铥或钬锁模激光器产生,本章主要讨论铥锁模

激光器。目前,铥激光器的被动锁模方法主要包括两类:① 加成脉冲锁模(additive pulse mode-locking),如非线性偏振旋转(nonlinear polarization evolution);② 饱和吸收体,常用的有半导体饱和吸收镜(SESAM)、碳纳米管、石墨烯、PbS 量子点等。非线性偏振旋转锁模需要在谐振腔内加入偏振片和偏振控制元件,增加了系统复杂性,且不容易自振荡;非线性偏振旋转锁模的光纤激光器在环境变化时不稳定的特点增加了日常维护的成本。SESAM 的制备需要利用 MBE 或 MOCVD 等仪器设备,而且改变调制深度需要使用离子注入方法,技术复杂度高、价格昂贵;另外,SESAM 的波长响应范围较窄,不同波段的锁模激光器需要选择不同的 SESAM,不仅不能用于调谐激光器,而且也增加了实验成本。然而,由于 SESAM 具有长期稳定性的特点,实际锁模激光仍然主要采用这一方法。碳纳米管和石墨烯具有完全相同的晶格结构和 ps 级的恢复时间,不同的是碳纳米管在一个方向卷曲起来导致出现带隙,因而在将之用作饱和吸收体时,为了对宽波段光辐射响应,就需要将不同直径的碳纳米管混合在一起。然而,某一波长的光往往只对一种直径的碳纳米管响应,其他直径的碳纳米管就会产生插入损耗。石墨烯对非常宽波长范围内的光具有几乎相同的响应规律,这是因为石墨烯在费米面附近具有类似于 Dirac 粒子的色散关系。实验证明石墨烯对 $1\ \mu m$、$1.5\ \mu m$、$2\ \mu m$、$2.5\ \mu m$ 波长的激光器都可以实现锁模。实际上,根据石墨烯的电子结构和电子的超快动力学规律可以判断,在波长不超过石墨烯中形成的缺陷带隙时,波长越长越容易实现锁模。石墨烯的制备简单易行,且光学质量高,是实验室中使用的比较理想的锁模材料。

最初的 $2\ \mu m$ 波段超短脉冲掺铥固体激光器是通过主动锁模方式实现的[1],1992 年,美国海军研究实验室的 Pinto 报道了基于 Tm:YAG 晶体、利用圣光调制器主动锁模的实验研究,获得了 70 mW、35 ps 的锁模脉冲。同年,德国汉堡大学的 Heine 等利用声光锁模技术在 Cr、Tm、Ho:YAG 晶体中分别得到了 41 ps、190 mW 和 800 ps、80 mW 的脉冲序列。1994 年,美国赖特实验室 Schepler 与德国汉堡大学的 Haine 采用 795 nm 的半导体激光器泵浦 Tm,Ho:YAG 晶体,得到平均输出功率为 100 mW、脉宽为 370 ps 的锁模输出。主动锁模需要复杂的光电系统,而且脉宽比较大。

基于半导体可饱和吸收体和量子阱结构的被动锁模可以获得更短的脉宽。2009 年,W. B. Cho 等在 $2\ \mu m$ 波段利用碳纳米管首次实现了 $Tm:KLu(WO_4)_2$ 锁模激光输出[2]。随之以后,SESAM、PbS 量子点、石墨烯等饱和吸收体锁模掺铥固体激光也陆续出现[3-13]。2009 年,白俄罗斯的 Denisov 等利用闪光灯泵浦 $Cr. Tm. Ho:Y_3Sc_2Al_2O_3$ 晶体,采用掺杂量子点的玻璃作为可饱和吸收体,实现了被动调 Q 输出,输出光谱中心波长为 $2.09\ \mu m$、脉宽为 290 ps、单脉冲能量

为 0.5 mJ。2010 年,该小组的 Geponenko 等报道了利用同样的吸收体,基于
Tm：KYW 晶体的被动调 Q 输出。2009 年,圣安德鲁斯大学的 Lagatsky 等采
用钛宝石激光器泵浦 Tm,Ho：KYW 晶体,利用 SESAM 进行锁模,在 132
MHz 的重频下,得到脉宽为 3.3 ps、平均功率为 315 mW 的输出。随后,他们在
腔内插入棱镜对进行色散补偿,压缩后的脉宽为 386 fs,之后又在 Tm：KYW、
Tm,Ho：NYW、Tm：Sc$_2$O$_3$、Tm：GPNG、Tm,Ho：TZN 以及 Tm：Lu$_2$O$_3$ 中利
用 SESAM 实现了飞秒锁模输出。2010 年,Colucelli 等采用 InGaAs/GaAs 子
阱结构,实现了中心波长为 1 886 nm 的 Im：GLF 激光器的锁模输出,输出功率
为 97 mW、重频为 75 MHz、脉宽为 20 ps。2011 年,他们又使用掺 Tm^{3+} 光纤激
光器泵浦 Ho：YLF 激光器产生了波长为 2.06 μm、脉宽为 1.1 ps、最大输出功
率为 1.7 W 的锁模激光输出。2014 年,中国科学院物理研究所詹敏杰等采用连
续钛宝石激光作抽运,在 Tm：YAG 陶瓷中利用 SESAM 获得了稳定的被动锁
模运转,锁模功率为 116.5 mW,中心波长为 2 007 nm,脉宽为 55 ps。

2010 年,德国康斯坦茨大学的杨克建等采用 InGaAs/AlAsSb 量子阱结构,
实现了中心波长为 2.09 μm 的 Tm,Ho：YAG 晶体激光器的锁模输出,输出功
率为 160 mW,重频为 106.5 MHz,脉宽为 60 ps。2013 年,他们利用 SESAM 在
Tm,Ho：YAP 晶体中获得中心波长为 2.064 μm,脉宽为 40.4 ps,重频为 107
MHz,功率为 132 mW。同年,他们又在 Tm、Ho：YAG 晶体上,利用基于
GaInAs 和 GaSb 的 SESAM 实现了锁模,输出中心波长为 2.09 μm,脉宽为
21.3 ps。2012 年,上海交通大学马杰等在无序晶体 Tm：CLNGG 中利用
SESAM 实现了锁模,在 99 MHz 重频下,脉宽为 479 fs,输出功率为 288 mW,
这是无序晶体材料在 2 μm 波段的首次锁模报道。

2009 年,德国马克斯·波恩研究所的 W. B. Cho 等报道了基于 Tm：
KLu(WO$_4$)$_2$ 晶体,利用碳纳米管作为可饱和吸收体,首次实现了 2 μm 波段的
连续锁模输出,脉宽为 10 ps,重频为 126 MHz,平均功率为 240 mW。2012 年,
同样来自马克斯·波恩研究所的 Schmidt 等报道了基于 Tm：Lu$_2$O$_3$ 晶体的被
动锁模研究,脉宽为 175 fs、重频为 88 MHz、平均功率为 36 mW。2012 年,山
东师范大学的 Liu 等报道了利用氧化石墨烯作为可饱和吸收体,在 Tm：YAP
晶体上首次实现了亚 10 ps 的脉冲输出,重频为 71.8 MHz、平均功率为 268
mW。同年,上海交通大学的马杰等在无序晶体 Tm：CLNGG 上利用石墨烯可
饱和吸收体实现了锁模,脉宽为 729 fs,重频为 99 MHz、平均功率为 60.2 mW。
2013 年,圣安德鲁斯大学的 Lagatsky 等报道了利用单层石墨烯在 Tm：Lu$_2$O$_3$
上实现锁模的实验研究,输出脉宽为 410 fs,重频为 110 MHz、平均输出功率为
270 mW。同年,Yang 等在 Tm：YLF 板条激光器上利用输出耦合石墨烯可饱

和吸收体,获得了脉宽为 473 fs、重频为 70.2 MHz、平均输出功率为 146.5 mW 的锁模脉冲。

目前,已有大量掺铥固体激光材料实现了锁模,表 6-2 总结了各种固体锁模激光器及其激光性能,固体激光材料的光脉冲能量通常达到纳焦量级,平均功率百毫瓦。目前研究工作主要集中在不同掺铥材料体系的锁模上。在锁模方式的选择上,石墨烯宽带饱和吸收性质比较适合于实验室中短期锁模,商业化应用尚需时日检验。

表 6-2　　　　　　　　　　　锁模掺铥固体激光器

增益介质	锁模方法	激光性能	年份,作者
Tm:YAG	AO mode locker	70 mW/35 ps/300 MHz@2.01 μm	1992,Pinto
Tm:KLu(WO$_4$)$_2$	CNT	240 mW/126 MHz/10 ps@1.95 μm	2009,Cho
Tm:GdLiF$_4$	SESAM	270 mW/86 MHz/17 ps,tunable	2010,Coluccilli
Tm:GPNG	SESAM	84 mW/222 MHz/410 fs@1 992 nm	2010,Fusari
Tm,Ho:TZN		38 mW/222 MHz/630 fs@2 012 nm	
Tm:KYW	SESAM	411 mW/105 MHz/549 fs,tunable 235 mW/105 MHz/386 fs@ 2 029 nm	2011,Lagatsky
Tm:YLF	SW-CNT	55 mW/85 MHz/19 ps@1 888 nm	2011,Schmidt
Tm:Lu$_2$O$_3$	SW-CNT	88 MHz/175 fs@2 070 nm	2012,Schmidt
Tm:Sc$_2$O$_3$	SESAM	325 mW/124.3 MHz/246 fs@2 107 nm	2012,Lagtsky
Tm:Lu$_2$O$_3$ Ceramic	SESAM	400 mW/180 fs@2 076 nm 750 mW/382 fs	2012,Lagatsky
Tm:LuYSiO$_5$	SESAM	130.2 mW/33.1 ps@1 984.1 nm 100 mW/24.2 ps@1 984.1 nm 64.5 mW/19.6 ps@1 944.3 nm	2012,Yang
Tm:YAlO$_3$	石墨烯		2012,Liu
Tm:CLNGG	石墨烯	60.2 mW/98.7 MHz/729 fs@2 018 nm	2012,Ma
Tm:Lu$_2$O$_3$	单层石墨烯	270 mW/110 MHz/410 fs@2 067 nm	2013,Lagatsky

参考文献

[1] J F PINTO, L ESTEROWITZ, G H ROSENBLATT. Continuous-wave mode-locked 2 μm Tm:YAG laser[J]. Optics letter,1992,17,731.

[2] W B CHO, A SCHMIDT, J H YIM, et al. Passive mode-locking of a Tm-doped bulk laser near 2 microm using a carbon nanotube saturable absorber [J]. Optics express, 2009, 17, 11007.

[3] A A LAGATSKY, F FUSARI, S CALVEZ, et al. Passive mode locking of a Tm, Ho: KY(WO$_4$)$_2$ laser around 2 μm[J]. Optics letter, 2009, 34, 2587.

[4] A A LAGATSKY, F FUSARI, S CALVEZ, et al. Femtosecond pulse operation of a Tm, Ho-codoped crystalline laser near 2 μm [J]. Optics letter, 2010, 35, 172.

[5] N COLUCCELLI, G GALZERANO, D GATTI, et al. Passive mode-locking of diode-pumped Tm: GdLiF$_4$ laser[J]. Applied physics, 2010, B101:75.

[6] A SCHMIDT, D PARISI, S VERONESI, et al. Passive mode-locking of a Tm: YLF laser[J]. CLEO, 2011, CMY5.

[7] A SCHMIDT, P KOOPMANN, G HUBER, et al. 175 fs Tm: Lu$_2$O$_3$ laser at 2. 07 μm mode-locked using single-walled carbon nanotubes[J], Optics express, 2012, 20:5313.

[8] A A LAGATSKY, P KOOPMANN, P FUHRBERG, et al. Passively mode locked femtosecond Tm: Sc$_2$O$_3$ laser at 2. 1 μm[J]. Optics letter, 2012, 37:437.

[9] J MA, G Q XIE, P LV, et al. Graphene mode-locked femtosecond laser at 2 μm wavelength[J]. Optics letter, 2012, 37:2085.

[10] A A LAGATSKY, O L ANTIPOV, W SIBBETT. Broadly tunable femtosecond Tm: Lu$_2$O$_3$ ceramic laser operating around 2070 nm [J]. Optics express, 2012, 20:19349.

[11] A A LAGATSKY, Z SUN, T S KULMALA, et al. 2 μm solid-state laser mode-locked by single-layer grapheme[J]. Applied physics letters, 2013, 102:013113.

[12] K YANG, H BROMBERGER, H RUF, et al. Passively mode-locked Tm, Ho: YAG laser at 2 μm based on saturable absorption of intersubband transitions in quantum wells[J]. Optics express, 2010, 18:6537.

[13] K J YANG, H BROMBERGER, H RUF, et al. Passively mode-locked Tm, Ho: YAG laser at 2 μm based on saturable absorption of intersubband transitions in quantum wells [J]. Optics express, 2010, 18:6537.